Deconstructing Fashion Design –
Practical Drawing Techniques

服装设计的表达与解析——
实用性时装画技法

刘蓬 著

辽宁科学技术出版社

·沈阳·

Contents

Deconstructing Fashion Design — Practical Drawing Techniques

目　　录

第一章 关于时装画

一、时装画的定义

绘画是一种人类精神层面的深度表达，它不仅带给大家直观的感受，而且融合了文化、历史、绘者当时所处的环境、心境等诸多因素。一幅好的绘画作品不仅会传达信息，而且会表达浪漫、优雅等诸多情感。时装画作为绘画的一种类型，不仅具备观赏性，对服装设计而言，还具有功能性和实用性。

在学习时装画之前，要明白时装画到底是什么。在 20 世纪 90 年代，我们对时装画的了解并不深刻，仅是通过一些二手的杂志和资料，零星地获取一些服装画的信息，对时装画并没有形成完整的认知，大多是一些片面的理解。发展到今天，我们已经可以很清楚地了解时装画的发展脉络、代表大师等。

时装画本身是以表现内容命名的外来画种。时装画是以服装为主要表现内容，是与服装结合起来的、无法分割的。时装画这个名词仅仅是一个笼统的概念，将时装画细分，可分为服装款式图、设计草图、服装效果图和时尚插画四类。在这几类里，时尚插画是一个大的门类。学习绘制时装画不仅要学习对于时装款式和面料质感的表现技法，而且是一个对服装设计深入学习的过程。通过对优秀时装设计作品的临摹描绘，我们能够潜移默化地对服装设计的美学原理有所领悟。

二、时装画的分类

1. 服装款式图

　　服装款式图是以机械制图的方式将服装的款式表达出来。服装款式图以线描为主，因为过多的颜色会对款式造成干扰，所以服装款式图大多不带有颜色。与服装效果图相比较，服装款式图要将服装的廓形、比例、局部造型、结构等清晰地表达出来。服装款式图大多不带褶纹或者有极少的褶纹，不受偶然因素的影响。因为具有清晰性和直观性，所以在服装生产过程中最常用的是服装款式图。

2. 设计草图

　　设计草图是一种对设计的主观表达，是设计师对稍纵即逝的灵感进行快速抓取和记录的方式。设计草图没有具体的风格要求，每个设计师的绘制风格是在长期的设计过程中逐渐形成的。也没有严格的程式化规则，就像每个人的笔迹有所不同一样。设计草图是设计师对自己的感觉和感受的表达，并不要求每个人都能够看懂。正因为设计草图是一种潦草的、随意的表达，所以最能够体现设计师的才华和精神，以及设计师的底蕴。有时候看到一些优秀设计师的设计草图，能感受到其中充满了设计师的才华与创意。与服装设计的本质一样，设计草图展现了快捷、灵动、率性的感觉，相较于服装款式图和服装效果图，设计草图更多来自设计师对于设计的理解和感悟，是一种水到渠成的设计情感流露。

3. 服装效果图

　　服装效果图是把服装的最终效果全面地表达出来的直观展示图，要把服装的廓形、裁剪结构、装饰手段、色彩、面料质感等设计元素呈现在模特身上，以详细直观的画面、以绘画的形式将最佳效果展示出来。

（1）服装效果图的作用

绘制服装效果图是学习服装设计的必修课，服装效果图的绘制能力往往能够体现设计师的水平，所以在学习服装设计的过程中，我们都很重视对服装效果图的学习。服装效果图主要有以下四个作用。

第一，服装效果图是我们展现设计成果的方式。在大学期间有很多设计课程，例如职业装设计、礼服设计，这些课程的作业都需要用服装效果图表达设计灵感、风格、款式，和老师沟通并展现设计成品的样貌。

第二，国内外的服装设计比赛是我们展示才华、寻找机遇的极佳方式。首先参赛者要提交服装效果图，评委据此评选入围选手，然后入围选手制作服装、参加决赛。所以作为参赛第一关的服装效果图的表现极为重要。好的设计想法也需要好的表现手法，才能相得益彰，为入选比赛铺平道路。

第三，服装效果图在服装企业中也有重要的用途，例如展示设计理念，推出新款设计都需要以服装效果图的形式把设计概念视觉化。

第四，服装效果图还有一个非常重要的用处，那就是参加投标。随着国内经济的发展，服装在各种场合中的形象展示作用越来越重要，国内外重要活动、重要团体的服装设计都需要通过投标来遴选方案，这时精彩优秀的服装效果图就极为重要，客观、精准、精彩地表现出设计方案是成功的第一步。

时装画作为展示人们着装的特定画种，在不同的历史时期呈现出不同的样式和特点。早期的服装效果图比较注重全景式展现服装，在表现服装时往往要考虑着装人物的动势和场景，把人物特定的室内外生活环境也简略地表现出来，让人物所处情境更加具体。环境中的元素和服装中的元素有着内在的联系，这种表现方式可能是受到了当时写实性肖像绘画的影响。

在数码相机广泛应用之前，影像还是相对珍贵的，在影像的内容与布局上，需尽可能表现出更多的内容与艺术性。在当时的服装效果图中，模特的身体动势更加讲究，往往呈现模特亮相展示服装那一刻精彩纷呈的瞬间。在一个系列的服装效果图表现当中，模特们会呈现出不同的动势，组合成生动的画面布局。

在如今的服装效果图表现中，模特的动势更加平实，往往只呈现走秀的常见动势，不强调背景的表现，模特仿佛漫步在虚空当中。这样是为了更加强调设计的本质和对服装的想象。然而作为一种艺术，变化是唯一不变的，也许有更好的表现形式等待我们去发现。

（2）服装效果图表现的五大要素

服装设计是具有生命力的艺术，服装效果图就是要表达出服装最完美的状态，将服装的最佳效果表现出来。服装效果图从专业角度来讲，要表现出服装的廓形、结构、局部造型、装饰手段、色彩五大要素。

·廓形

廓形是服装给人的最初整体印象，有助于我们认知这个对象。服装的廓形在每一个时代都有所不同，一个时代主流的廓形会影响一个时代的服装面貌。能够捕捉服装的廓形，掌握服装的整体特征是画好服装效果图的基础。把握服装廓形的特征与我们学习基础素描的方法是一样的，要判断出廓形的整体特征，而不被其他细节元素所干扰，先把廓形归纳为最本质的几何形态，然后再加以细化。

·结构

服装的结构是指省道、分割线、拼接线等内部结构。服装的结构是服装造型的根本，是对服装造型的支撑，抓住服装的结构才能把服装的基本设计表达清楚。在学习绘制时装效果图之前，只有对服装造型的结构原理有所了解，才能进行合理的艺术表达。

·局部造型

局部造型是指服装的领子、袖子、兜等相对完整的部件设计。多个局部造型组合构成了服装的整体造型，服装中的平驳领、戗驳领、青果领、西服袖、衬衫袖、拉链、兜、门襟、底摆等各种局部造型的变化形成了服装的千变万化。经过对服装局部造型处理方法的仔细研究后，在服装效果图中将局部造型表现出来，达到我们真正想要的服装效果。这些局部造型是服装设计的基本构成词汇，词汇的不断积累演变是对服装设计表现方法的积累，我们在量的积累上达到质的变化，最终成为能够熟练驾驭服装语言的设计师。

·装饰手段

在服装设计尤其是高级服装的设计当中，装饰手段尤其重要。在古代服装和礼服等领域中，丰富的装饰手段同时表现了特定的文化含义和吉祥含义。服装的装饰，简单来讲就是打破面料的直观感受，让其具备不一样的特质。简单平面化的装饰手段有刺绣、打褶等，相对复杂的装饰手段有面料肌理的再造、面料质感的再造等。装饰手段就是为了让服装具备某种质感和气息，在进行服装效果图创作时，精细表现服装的装饰手段能够让画面更加精彩。

· 色彩

色彩在服装设计中是不可缺少的要素，色彩和颜色是两个完全不同的概念，颜色是一种单独的表现，色彩是一种搭配，是一种交响，好的色彩在视觉上是一种享受。色彩的搭配会给予人们精神上的不同感受，服装的色彩和穿着者的肤色、发色能否很好地匹配，也会影响人物着装造型的整体气质。在服装效果图的绘制中要以面料的固有色为主，考虑在固有色之间的色彩搭配，在服装的阴影上考虑色彩冷暖的变化。只有多方面考虑，才能将服装效果图表现得既客观又丰富。

在服装效果图中要将这五大要素充分地表达出来，在绘画的过程中不仅要考虑绘画关系，更重要的是考虑设计，设计能力才是服装设计师的根本能力。

4. 时尚插画

时尚插画又叫时尚插图，是时装画这个大概念中的一个大的门类。早期的时尚插画主要用在时尚类的报纸杂志当中，在摄影没有成为主流之前，时尚插画是时尚信息的主要传达方式。随着摄影技术的发展，时尚插画逐步淡出传统的纸媒，在 21 世纪初，新技术的发展为时尚插画带来了新的用途，各种新媒介为时尚插画的发展带来新的发展机遇。

当代时尚插画更注重艺术性和个人的绘画风格，时尚插画大多不是为服装设计服务的，主要是运用在书刊插图、广告、包装宣传、时尚产品等设计领域中。时尚插画的画法、风格极为丰富，也涌现了一大批优秀的艺术家，他们的作品已经成为时装画艺术的经典。时尚插画让时尚行业更加具有艺术性。历史上著名的时尚插画家有阿尔方斯·穆夏、乔治·巴比耶、勒内·格鲁奥、安东尼奥·卢普兹等，他们的画风成为时代的缩影。在那些年代，他们的画风就是那个时代风格的最好注脚。时尚插画发展到今天成为人们非常喜闻乐见的艺术形式，在全世界范围内不断涌现出年轻的时尚插画师，他们通过网络展示自己的作品，得到大众广泛的关注和欢迎。时尚插画不仅具有商业用途，更成为年轻艺术家们表达个人情感的方式。

三、时装画的功能

在了解了时装画的定义和分类之后，我们能够清楚地明白，对于服装设计师来说，学习绘制时装画是非常必要的，这并不是一种对手绘技巧的炫耀。如今在这个充斥着电脑绘画、画图软件的时代中，手绘时装画技法仍以传统的绘画技巧为表现手段，不断地进行新的探索，不断创造出引人入胜的新风格。将时装画的功能加以总结，它具备实用功能、学习功能、艺术功能和文化功能。

1. 实用功能

实用功能是时装画最基本的功能，能够很清楚明白地表达设计构想。当设计师有构思和灵感时，通过手绘可以很快地把款式表现出来，将设计想法从脑海中的构思状态带到画面上来，进行有效的设计交流。语言搭配图像是一种行之有效的交流手段，能够快速、简洁、具体、直观地将设计构思传达给受众。作为时装画，能让人看得明白，读得懂所传达的设计构思，这是其最基本的要求。所以我们对于时装画技法的学习还是以写实风格为主，服装质感、结构、层次感要表达清晰，人物也要以写实、优美、优雅为主。除去专业交流之外，也应当让不懂服装设计的群体能看懂画面所表达的构思。

从改革开放到现在，中国的时装画教学已经走过 40 多年，对时装画的认知从模糊到清晰，从学习到创新，时装画的教学理念一步步走向成熟。中国的学生在学习专业之前需要经过严格的造型训练，所以学生有着非常深厚的写实基础，从而令写实风格的时装画顺理成章地成为大家喜爱的风格。另外由于写实风格的时装画有着利于沟通、清晰易懂的特点，因此应用更加广泛。但是我们同时也鼓励多种风格的表达，发挥大家的个性和艺术创造力。

在 015 页这款礼服的设计当中，运用了欧洲传统重工刺绣的艺术手法，表现出礼服优雅、大气、奢华的气质。礼服上的刺绣图案是服装效果图表现的重点，用铅笔起稿时要根据图案的设计原理对图案的布局和构成进行分析，准确地画在礼服上，为下一步画线稿做好准备。

2. 学习功能

时装画同时也具有学习功能，学习绘制时装画是一种对自我设计眼界的提升。我们在进行时装画绘制练习时，大多是通过临摹一些大师作品、走秀照片或者登载在杂志、网络上的优秀作品。表面上我们在画服装，但从更深的层次考虑，在绘画的过程中，我们会对临摹对象的款式设计、色彩搭配、服装结构、文化灵感等元素进行研究分析。服装作品的产生不是凭空而来的，一件作品的诞生一定与当下的时代、制作的用途、礼节习俗等文化层面的背景息息相关。在练习的过程中不仅会对绘制技法进行学习，而且会进行一种更深层次的艺术思考。

有人将速写和时装画进行比较，其实两者是有区别的。速写的服装款式是一种印象，是一种视觉记忆。时装画中的服装款式具有科学的结构，每一笔都会转化为真正的服装，所以每一笔都尤为重要，都体现了对服装的认知。在对服装作品进行临摹时就要细微把握对服装尺度的理解，要有一个非常严谨的态度。在时装画的绘制过程中要有深刻的思考，人体工程学就是对这一尺度最好的诠释，所以就要求我们在绘制的过程中，要通过设计的眼睛对服装的数据进行科学的理解和分析，而不是单纯地运用绘画和造型的眼睛对服装进行描绘。让时装画不仅具有绘画的细腻感，还要具有科学的准确性。

在时装画中不仅要对设计尺度有所把握，而且要对设计风格有所感知。设计风格在不同的时代产生不同的变化，例如某一时期的设计风格是优雅的、简洁的，某一时期又出现繁复纷杂的设计风格。时代的进步造成社会的包容性愈加强烈，设计也变得丰富多元，在时装画的练习过程中除了对于设计风格的把控之外，不妨更深入地思考一下服装的设计师、品牌及其文化和历史等背景因素，以及艺术品位、时尚市场等因素。除了用眼睛去观察，这种深入的思考不仅有助于我们更好地理解时装画，而且能够让我们更好地了解什么是美，并能够更好地去认知这个世界。在思考中不断地积累，最后达到质的飞跃。

如 017 页图所示，在画重复图案的时候，使用电脑复制粘贴非常简单方便，这导致人们不再有耐心创作手绘图案。但是手绘形成的有序排列、不断地重复，形与形之间由于手绘导致的不一致与不完美都构成了画面独有的魅力。服装、蜜蜂图案、蜜蜂面料，与蜜蜂本身不断地重复，丰富了画面的主题。

3.艺术功能

艺术功能是区分时装画是设计工具还是艺术作品的一个标尺，就像是工匠和艺术家的区别，时装画除了具备实用功能，单纯就作品而言，还具有很强的观赏性。同时也是艺术史中不可或缺的组成部分。在西方新艺术运动时期，时装画迎来了第一个发展高潮。传统肖像绘画题材从大量描绘王公贵族和宗教人物开始逐渐向普通人过渡，逐渐具有强烈的个性韵味，画面更加具有装饰趣味。时尚得以发展，优质的穿着也不再是王公贵族的特权。在这个文化融汇的时代中，时装画的观赏性特征也逐步引起了世人的关注。正因为它的特质，唤醒了人们对于美的思考，让世人真正地了解"只有知道美好，才能创造美好"，也让大家深刻地明白，美是一种立体的、全方位的修养。时装画的艺术功能直观地阐释了人们对于自身形象的不断修正和塑造，并通过时装画家的艺术语言给予艺术表达。

如 019 页图所示，这是作者在课堂上即兴创作的一幅作品，首先画的是画面中央的模特，前面和后面的模特是对中间人物形象的补充。在画好人物之后添加了一些联想到的元素，眼睛、翅膀、飞鸟等，然后用飘动的幕布把画面构图组织起来，形成一种连续的感觉。幕布在古典绘画构图当中是一种常见的元素，在这幅作品中把幕布元素进行了演化。这种自由创作的时装画属于插画范畴，其实更接近于绘画创作，画面内容和作者对某一元素的理解、构图能力、个人风格，以及个人知识素养、兴趣爱好等都有关联，对时装画和绘画创作的认知起着核心作用。

时装画最初的起源是因为其实用性，作为传播服装款式信息的载体，时装画本身受到了观者的喜爱，人们把时装画装裱在画框里，作为居住空间的装饰，究其原因是源于时装画的艺术性。时装画具有双重艺术性，一方面时装画表现的时装传达风尚，人们最初被其信息所吸引、欣赏，并对最新的时尚款式设计、穿搭设计的创新之处所吸引，甚至幻想自己穿上画面中时装的情景，这个就是时装画的实用性、商业性的表现。随着时间的推进，时装画失去了最初的传播新信息的功能。这时候时装画的艺术功能就显现出来，人们开始关注时装画的表现技法，画中的人物塑造、服装表现、绘画风格和绘画技巧等逐步成为被欣赏的主要内容。

一幅不算优秀的时装画作品虽然能够表现设计、传达信息，但它的使命就仅局限于其实用功能，并不能成为人们收藏欣赏的艺术品；而精美的作品却能被珍惜、保存。有很多著名服装设计师和时尚插画师的作品得到珍视，被收藏和展览，或被制作成图案在各种文创产品中使用，例如著名服装设计师克里斯汀·拉夸的手绘设计图就被运用到酒店壁画、丝巾设计等领域，以其独特的艺术性表达人们对美的丰富认知，丰盈人们的生活体验，他的时装画作品实现了由实用性到艺术性的转化。

4. 文化功能

时装画的文化功能使其可以传递出巨大的能量。一幅大师的时装画作品本身就是一个时代印象的体现，大师的作品与品牌的形象、时代的特性紧密相连，构成了一个时代的记忆，这种与时代印象相对应的图像特征构成了人类文化中的重要组成部分。我们可以通过作品解读大师对于时装画的科学性、合理性、文化性、装饰性等诸多因素的思考，最后形成各种各样的画面，这本身就是一种对时代精神的浓缩。同时在任何一个服装品牌中，最能体现文化的部分便是时装画，它浓缩了时代的影响力，我们可以通过时装画了解设计师的才华、进行设计时的思想轨迹、深厚的文化底蕴，还有设计师对于品牌、时代、历史乃至未来的沉思。设计师在整个服装产业链中其创造、表达的能力是区别于一般手工劳动者至关重要的一点，创造性是在时代的洪流中真正推动历史巨轮的强有力推手。

在服装文化的呈现过程中，时装画的文化功能日益显现，成为人们对历史和时代变迁的视觉记忆。早期绘画中的服装，文艺复兴以来专门记录服装的插画，近现代服装设计师的手稿，时尚插画师的创作，都让服装设计从应用到艺术，以视觉的方式呈现。在服装文化发展的历史长河中，我们能借助这些历史的图像来思考我们是谁，我们从哪里来，今后我们又将去向何方。

2019年年末，新型冠状病毒来袭。疫情改变了人们的生活，习惯于生活在高品质、高科技当中的我们突然感到渺小与无力。021页这幅插画创作于疫情期间，反映了作者当时的心情。画中美丽的服装和模特的头发在狂风中舞动，小色点代表肉眼看不到的病毒，画中人物坚定的眼神表达人类不会被任何困难打倒的决心。

在时装画的历史当中，一些优秀的艺术家创作出具有代表性风格和内容的作品，其风格和时代产生共鸣，当我们看到某种风格的时尚绘画时，就会感觉某个时代的气息扑面而来，这种感觉是人的一种独特感知，它不同于味觉、嗅觉、听觉、触觉等直接感受，就像一种调动大脑中知识储备的开关，带人进入判断、欣赏、感怀的层面。这种知识储备包括对服装历史文化的理解、对艺术史风格演变的理解、对社会风尚变化的理解、对艺术家个人经历的了解等因素，这种风格与内容形成独特的历史印记，保留在人类的文化历史中，形成人类文化的组成部分。自己的作品能够成为人类文化的构成部分，是每一位艺术家的终极渴望和最高荣誉。

时尚本身就预示着服装的发展方向和可能性，时尚插画具有先锋性是一种必然，当代的时尚插画师对于时尚插画的商业性和艺术性的思考要远远多于以前的插画师所做的思考，时尚插画师和艺术家的界限更加模糊，时尚的艺术属性和文化属性被视为更高的目标。

四、绘画材料与工具

绘制时装画运用的材料多种多样，目前使用比较多的是马克笔、彩铅、色粉、水彩等，时下应用较多的是以马克笔和勾线笔配合的绘画方式。

1. 马克笔

在20世纪60年代的美国，马克笔开始应用于工业造型设计、建筑设计和服装设计领域。早期的马克笔被称为毡头笔，以硬头为主，为了使马克笔的表现性更强，工业设计师将笔尖设计成为锐角梯形样式。让斜面更加方便大面积涂色，尖面更利于画线、点等较为细腻的表现部位。

发展到现在，马克笔的品牌和样式越发丰富，但其内部颜料不外乎水性颜料和油性颜料，这两种颜料应用最为广泛。相较于油性马克笔，水性马克笔在笔触相接的边缘有较明显的印记。在上色过程中，水性马克笔相同颜色笔触间的融合度略逊于油性马克笔。油性马克笔笔触间的融合度相对来讲更加柔和，笔触间的过渡呈现均匀的态势，对于皮肤等光滑表面的塑造更为细腻一些。

各大品牌为了争夺马克笔市场，对于马克笔的改进层出不穷。现阶段实用性最强的马克笔具备两个色头，一头为传统的宽斜纤维笔头，另一头为软圆头。软圆头的材料与过去相比也更为先进和科学，软圆头多运用尼龙材质，这种材质导水性强，具有弹性和柔韧性。笔触更加细腻、多变，表现力更强，对于细节的描绘更加方便，精细程度可以达到水彩的效果，新材料的优势逐渐展现出来。对于马克笔的优劣，我们可以从马克笔的色彩设计与笔尖的弹性等角度去判断。不同品牌的马克笔会有不同的手感与体验，这对画面效果都会有一定的影响。

2. 彩铅

彩铅也是一种常用的绘画材料，可以达到特别精细的绘画程度，因其材质的特性，作品会展现出一种时间感和空气感。但绘画周期相对较长，不太适合时装画的快速表现，更适合长期的插画创作。水彩的使用率相比曾经也降低了，虽然做出了很多的改良，但是携带不便导致很多人选择使用表现力更强的马克笔进行创作。

3. 勾线笔和小楷笔

经常与马克笔配合使用的就是勾线笔和小楷笔。勾线笔随着时代的进步也在升级改进，出现了 0.03mm、0.05mm 的尼龙硬头勾线笔。尖细笔头的出现为更细致的局部刻画提供了无限的可能，各种粗细线条的搭配使用展现出时装画的观赏性和科学性。小楷笔为勾线笔从头至尾单一平滑的线条增加了跳跃感，在理性分析服装结构、人体、受光背光等诸多因素后，线条变得丰富多彩，同时也丰富了画面的节奏感。社会发展到今天，不管是勾线笔，还是小楷笔，画出的色彩也不再是一成不变的黑色，出现了棕色、棕褐色、冷灰色、暖灰色等诸多颜色。色彩的附着力变得更强，配合马克笔使用产生了更好的效果。

画到什么程度才算好呢？绘画并不是可以一直进步提升的，很多艺术家都曾遇到过瓶颈。画到一定程度后，相比曾经的自己哪怕进步一丁点都需要一个非常困难且漫长的过程，但是每一个进步都值得被肯定。绘画本身是手、脑、工具间的配合，工具自身就具备特性优势，怎样用脑处理好画面中的各个关系，用手达到一定的熟练度，不管是服装效果图，还是服装款式图，都会呈现出更好的画面效果。

第二章　艺术与时尚先行

一、 思考是一种有效的学习方法

　　学习绘制时装画并不是简单地按照书中所归纳的步骤机械地进行临摹练习，也不是持续观赏大师的作品而不进行训练。在避免灌输式教育的同时，希望能够给大家带来一定的思考。在学习绘制时装画的过程中最重要的就是对自己所学的内容进行思考，通过这种思考带动绘画技巧、思考层次等各方面的提升，从而形成自己的表现方式，通过这种思考形成一种有效的学习方法，而这种行之有效的学习方法会成为伴随一生的能力。

二、明确自己独特的绘画风格

　　首先要明确在绘画的过程中我们想要表现什么，并不是直接从临摹对象开始绘画，而是要做到意在笔先。要通过学习找到适合自己的模特，明确自己独特的绘画风格，这是最宝贵的一点。

　　我们所属的世界正是因为存在多种多样的风格才变得越发美好，尤其在艺术领域更加明显。如果我们看到的所有艺术都是单一的，即使再精彩，鉴赏者也会感到枯燥乏味。找到自己的绘画风格和绘画方法，就像是真正找到了一处宝藏，可以不断挖掘出宝贵的资源。在绘画的历史当中，有些艺术家正是因为自己独特的风格而名垂青史，像我们提起凡·高，就能想起他独特的笔触；提起莫迪里阿尼，就能想到他笔下脸长长的人物。若是没有这些艺术家，世界上就不会有这些形象出现。

三、什么是美好的形象

　　在我们明确自己独特的绘画风格之后，就要处理好眼前的事情——想方设法建立起一个美好的形象，这是一项基本的能力。美好的形象是一个既简单又复杂的问题，从简单的角度来讲，当我们看到一个图像的时候，在心中就会产生一个好看还是不好看的判断，这就是人类在漫长的演变当中拥有的一项技能。随着科学的进步，这项技能也逐渐变得数据化。从复杂的角度来讲，美好的形象并不意味着年轻貌美的、完全合乎科学逻辑的形象。好比达·芬奇笔下妇女的形象，我们从她们的肖像中能感受到非常慈祥的、温柔的、宁静的、端庄的美感。所以美好的形象虽然具有一定的规律，但没有一个绝对的衡量标准。这也是尤为考验我们的一点，高超的艺术家总能够通过精湛的技巧表达出他所想要表达的东西。

　　在绘画的过程中并不是单纯地考虑绘画技巧，而是考虑如何运用绘画技巧传达自己脑海中想要传达的印象。虽然纯艺术形象和时装画形象有一定的区别，但是溯其根本，优秀的大师们想要通过技法传达精神的思路都是一致的。

第三章　头像的画法

一、先弄懂五官的结构

科技的进步让我们能够获取非常清晰的照片，便于我们非常清晰地、科学地观察五官的结构，形成对五官清晰的认知。这样通过理性分析后的画面不仅好看，而且具备严谨的科学性。人人都有五官，但五官与五官之间会有微妙的不同和变化，正是这种微妙的变化才使人与人之间的不同特征得以区分。只有对五官细致入微地观察，抓住其中细小的差别，下笔时多加思考，才会让画面更灵动。

1. 眼睛的结构与画法

眼睛的结构是五官结构中最复杂的，想要画好眼睛，必须要对其生理结构了然于心。要想使画面更加精致，还要抓住好看的眼睛所具有的细微特点。一般由于欧美人的鼻梁较高，他们眼睛的泪囊更加突出、修长。亚洲人的眼形以丹凤眼为例，眼角并没有外露出过多的泪囊结构，一般外眼角要略高于内眼角。

人类经过漫长的进化演变，身体结构都具有一定的科学性和功能性，睫毛虽然细小，但同样具备非常重要的功能。除了美观之外，睫毛的主要作用是遮光，防止紫外线对眼睛造成伤害，防止灰尘、异物、汗水等进入眼睛，起到非常重要的保护作用。所以在绘画过程中不能因为其细小，就忽略不计。在处理睫毛时，上眼皮的睫毛要长于下眼皮的睫毛。由于时装画多以正面角度绘制，上眼皮弧度曲线上最高点的睫毛也呈现正对着我们的角度，因此会在该处产生一个重色区域。跟眼皮弧度曲线上的其他位置相比，这个区域的睫毛更短、更浓密。

一般从生理结构来讲，眨眼是指上眼睑的活动。正因如此，上眼皮会对虹膜形成微小的遮挡，虹膜的最底端多半与下眼皮形成相切的状态，大多数的眼睛不会过分裸露虹膜的最底端与下眼皮之间的眼白。

上眼皮还有单眼皮和双眼皮之分，大多数外国人的眼窝较深，眉弓较高，即使是单眼皮，也会形成一条类似双眼皮的印痕。由于印痕的存在，因此外国人的双眼皮会形成一种非常微妙的变化。上眼皮的皮肤是有厚度的，一般与浓密的睫毛融在一起，所以在绘画过程中此区域的颜色要略重一些。下眼皮的皮肤也是有厚度的，由于受光以及微妙的结构，下眼皮呈

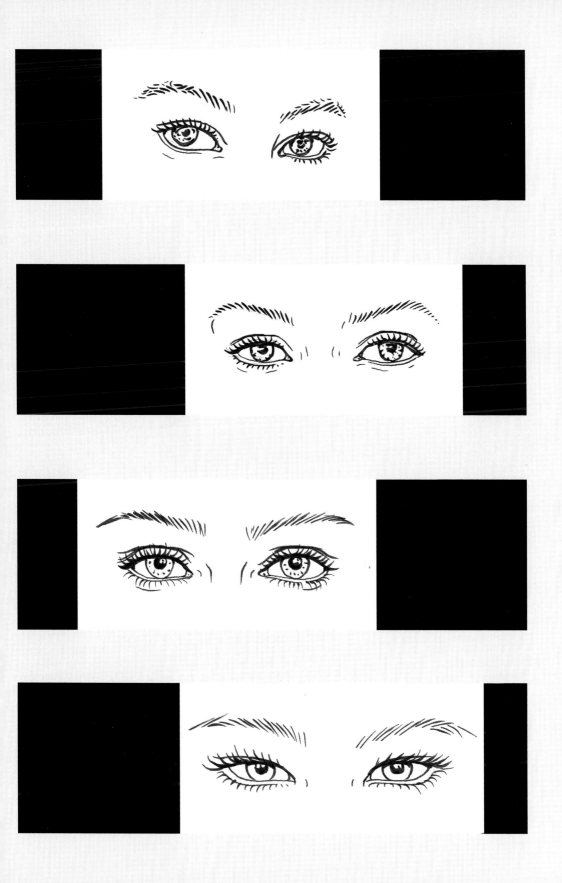

现细长的曲线形态，但是由于光照较强，明度也较高，因此给绘画带来一定的难度。但是不能因为其难处理就忽略不计，正是存在这些微小的细节，才让画面更加具有韵味。

在处理眉毛与眼睛之间的长度关系时，也要考虑到眉毛的功能。除了在情感流露时对情绪表达的辅助作用外，眉毛的主要功能是防止水流入眼睛。眉毛生长的走势和眉尖形成导流的作用，可以确保水滴沿着脸颊的两旁和鼻翼两侧流过，而不会流进眼睛，同时也能防止掉落的细小尘埃进入眼睛。我们明确了眉毛的功能，就能很轻易地得出结论，在自然状态下眉毛会略长于眼睛。

眉梢一般会略长于外眼角。在总结大数据、对眉形进行分析后，我们可以得出，一般比较好看的眉形在眉弓的外侧会形成一个椭圆形。如下图所示，这个椭圆形上边缘的切线构成眉毛的下边缘线。

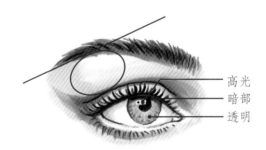

为什么会说人的眼睛有神、特别亮，我们可以细致地观察一下。从生理结构分析，虹膜内有环绕着瞳孔排列的平滑肌，当强光照射眼睛时，平滑肌收缩，限制光线射入瞳孔；当光线微弱时，平滑肌控制瞳孔放大，增加光线的射入量。由于人种的差异，瞳孔的颜色也有很明显的不同。瞳孔作为整个眼睛中最暗的区域，上半部分由于上眼皮挡光，因此颜色会略重，下半部分变得透明。同时由于角膜是光滑的，因此会形成一个反光的高光点。在最暗的区域配一个最亮的高光，这样眼睛就会显得非常有神。

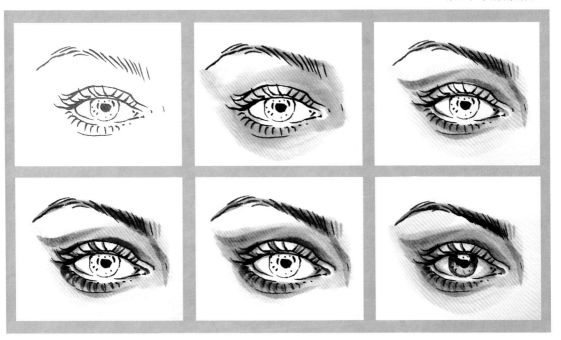

2.鼻子的结构与画法

如下图所示，不同人种的鼻形有明显的不同。长期生活在高纬度寒冷地区的欧美人，鼻子更加挺拔，鼻头更尖。为了给寒冷空气加热，避免快速吸入寒冷空气后炸伤肺部，逐渐进化出高鼻梁、窄鼻翼、长鼻腔的鼻形。长期生活在低纬度炎热地区的非洲人，通过漫长的进化，鼻子的生理结构也发生了改变。低纬度地区长期日晒，温度较高，较扁平的鼻梁、较短的鼻道和较宽的鼻腔有助于快速、大量地将热量排出体外。中纬度地区一年四季都有较为明显的温度差异变化，长期生活在此的人种的鼻形从南到北有着细微的差别。但总的来讲，鼻形除了由基因决定之外，还受到环境的影响。

接下来我们就详细地了解一下鼻子的结构，鼻子的结构相对于眼睛的结构来讲更加简单。如 035 页图所示，最上部位于两眼之间的部分叫鼻根。下端高突的部分叫鼻尖。中央的隆起部叫鼻梁，鼻梁两侧为鼻背。鼻尖两侧向外膨隆的部分叫鼻翼。鼻腔被鼻中隔分为左右两腔，一般来讲，标准的鼻子和好看的鼻子，两个鼻孔中间的鼻中隔低于鼻孔，甚至呈现出海鸥形，这条曲线被称为海鸥线。

国内外很多医学美容机构通过大数据的调查得出，相对来讲比较好看的鼻形是鼻翼下方的边缘要比鼻中隔下方的边缘略高一点，会形成一个 21 度的夹角。但这种好看也不是绝对的。

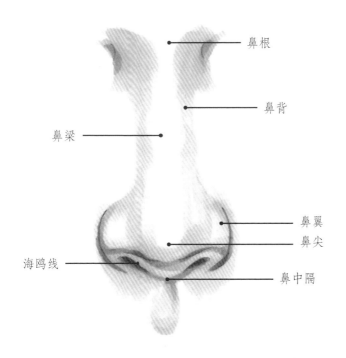

鼻根

鼻背

鼻梁

鼻翼

鼻尖

海鸥线

鼻中隔

3. 嘴唇的结构与画法

嘴唇位于面部三庭的下庭，不仅是咀嚼和语言的重要器官，也是构成面部美不可或缺的因素，在生活中可以产生丰富的表情，用以表达情绪。在医学结构上，嘴唇的范围包括上嘴唇、下嘴唇和口裂周围的面部组织，上至鼻中隔的底线，下至颏唇沟，两侧至鼻唇沟。

如下图所示，嘴唇分为上唇和下唇，当闭合在一起时有一条横向的缝，称之为口裂。口裂的两末端边缘叫嘴角，嘴唇的可视组织主要有皮肤和口轮匝肌。上下唇均分为三部分：第一是皮肤部分，也叫作白唇；第二是红唇部分，是在嘴唇闭合时可以观察到的红色口唇部位；第三是黏膜部分，位于唇的里面，在时装画中这一部分的描绘甚少。

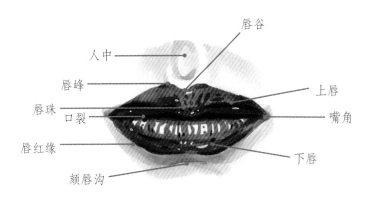

红唇与皮肤部分交界的地方叫作唇红缘，上唇大抵呈现不明显的 M 形，上唇的唇红缘大多呈弓背状，叫作唇弓。在唇弓中央的红唇部分有一个隆起，叫作唇珠。唇弓正中央并且微向前凸起的部分叫作人中，人中两侧唇弓的最高点称作唇峰或弓峰，唇弓的中央最低凹处则称为唇谷。人中是有立体结构的——人中凹，这是人类特有的组织结构，是面部中线的标志，同时也是构成面部美的重要元素之一。

下唇的唇红缘呈较不明显的 W 形，相较于上唇的唇红缘，结构较为简单。下唇的红唇部分略厚一些，凸度更小，高度略低一点，与上唇的红唇部分呈现对应协调的态势。下唇与颏部的交界处形成颏唇沟，颏唇沟对面部美有着直接的影响。

在了解了这些结构的组成部分之后，我们就明白了绘画的细节重点，细节才是绘画精彩与否的关键。考虑清楚这些细节的主次关系，在绘画过程中通过技巧让这些细节相互组织、相互协作，构筑好画面的节奏感，就能凸显出画面的整体韵律，让画面既精彩又协调。

4. 耳朵的结构与画法

耳朵的结构很复杂，包括外耳、中耳和内耳三部分。在时装画中一般只涉及外耳，不涉及中耳和内耳。但外耳的结构是尤为复杂的。耳朵在时装画中的表现主要以耳郭为主，耳郭是外耳的一部分，在其中作为支撑的大部为弹性软骨，其上覆盖皮肤，所以在绘画的过程中就要注意，它虽然很柔软，但是在表现的过程中还是要有一定的骨骼感。

耳郭下端为耳垂，不同的耳垂会彰显不同的人物气质。例如在古代的帝王圣贤和宗教人物的绘画中，很多人物的耳垂长而厚实，会让人物带有智慧、和善等气质。耳郭位于头颅两侧，当我们正视模特时会观察到耳郭凸凹不平的前外侧面，其向前向内卷曲的部分叫作耳轮，起于耳轮脚，位于外耳门的上方。与耳轮前方相平行的弓状隆起称为对耳轮，耳舟便是这两部分之间凹沟的名称。对耳轮的上端分叉，形成 Y 状，分叉部分叫作对耳轮脚。三角窝就是对耳轮脚之间的凹陷部分。对耳轮前方的深凹是耳甲，从正面看上去耳甲会融入耳轮投射的阴影中。耳屏位于外耳门的前方，邻近对耳轮前下端的突起是对耳屏。

这些都是在时装画中能够体现出来的结构。人类经过漫长的进化，看似窄小的耳朵同样充斥着非常复杂的结构，并且具有非常严谨而完备的科学性。整个耳郭呈漏斗状，在复杂结构的相互作用下会对声波的采集起到引导的作用，而真正的听觉感受器深藏其中。同时，外耳还对外界异物的进入产生阻挡的作用。时装画绘制并不是写实的素描、油画创作，并不需要对所有的组织结构绘制得面面俱到，而是要学会化繁为简。但这并不代表胡乱省略，而是着重而科学地描绘我们在一定角度下观察到的部分。

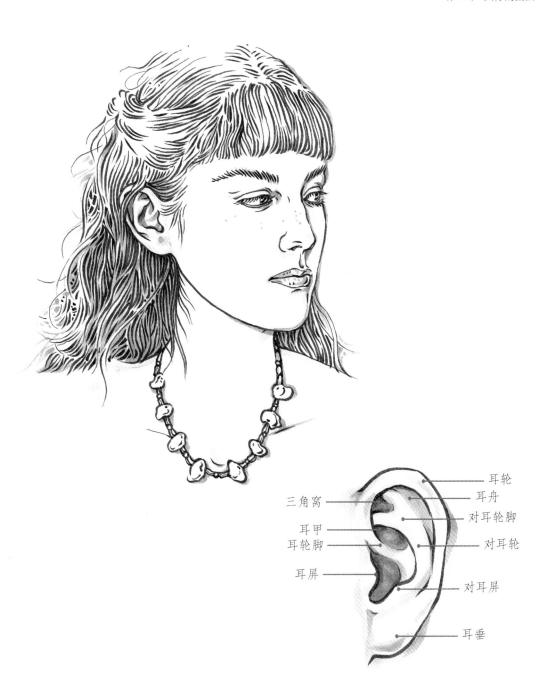

耳轮
耳舟
三角窝
对耳轮脚
耳甲
耳轮脚
对耳轮
耳屏
对耳屏
耳垂

二、既好画又难画的头发

　　头发在时装画当中是属于既好画又难画的部分。好画是指画头发时不需要像画五官时那样对形体有非常准确的塑造，难画是指由于头发造型设计变化多样，发丝细腻繁杂，往往令人眼花缭乱。所以我们在画头发的时候要根据具体的发型情况进行具体分析，从发型的总体造型特征出发。先用几何归纳的方法画出大致的轮廓，然后再把发型设计中的局部造型变化划分出来，最后按照头发的梳理方向来勾线，在勾线的时候注意轮廓线的总体趋势，要表现头发在颅骨上的厚度。在塑造头发的局部造型时要用整体的目光去观察，把发丝的主要走向和穿插关系表现出来。画的时候不要出现平行线和交叉线，平行线会显得呆板，交叉线会让画面混乱。最后表现局部散乱的发丝，能够让头发造型更加生动细致。

　　在头发上色的时候要先找出符合发色色调的不同明度的马克笔，颜色由浅入深按照头发梳理方向下笔，并通过对马克笔使用力度的控制塑造发丝的变化。在塑造脸部周围的头发时注意笔的控制，不要把笔触画到脸上。

　　发型是人物形象设计的一个重要组成部分，因为头发在身体诸多特征中是最容易被改动的部分，其变化多样的形式不断对美和时尚做出新的注解。对于发型的表现取决于大家的观察方法。在发型设计当中，我们结合不同的情境对发型进行设计和规划，会使模特在相应的场合中更加得体、出众。

第一步：先用铅笔根据发型的特征画出头发的整体轮廓，然后进行细分，注意头发的前后空间穿插关系和发丝扭曲特征。再后用小楷笔进行勾画。

第二步：模特的发色为金色系，选择明度高、颜色接近头发亮部颜色的马克笔勾画底色，注意头发颜色的整体分布与头形几何特征的关系。头发的高光部分留白，留白时注意笔触方向要顺着发丝方向运动。

第三步：用金色系的中明度色彩顺发丝走向塑造头发，加重发色，这个时候还要注重塑造头发的整体关系。

第四步：用重色把头发的阴影色塑造出来，按照发丝扭转规律下笔。注意控制重色比例，不要画过。

第五步：按照色彩冷暖规律在头发侧光和阴影当中加入冷色，让头发的色彩更丰富。运用低明度冷色系的颜色画出背景，同时表现出一些暗部反光的发丝，让整体画面生动起来。

三、面部的比例

我们在画写实风格时装画的时候，对模特五官的大概位置应该了然于心。当我们清楚五官的各项构造，能够较为明晰地绘画出各个局部的时候，面部的比例会让我们的绘画变得更为合理、更为精彩。

在绘画中我们经常能听到一个名词叫作"三庭五眼"。"三庭五眼"只是一个对理想脸形的概括，是人的脸长与脸宽的一般标准比例。但这并不是绝对的，也不是一成不变的。最简单的划分方法是找到模特正中的中线，这条纵向中心线一般会穿过眉心和人中。"三庭"指的是脸的长度比例，从发际线到下颏尖分为上庭、中庭、下庭。上庭是指从发际线的最底端至眉心；从眉心到鼻底是中庭；从鼻底至下颏尖称为下庭。

"五眼"指的是脸的宽度比例，以眼睛的长度为一个计量单位，将以两个瞳孔为连线的横向中心线分为五等份。首先要确定最中心的距离，将横向中心线和纵向中心线的交点作为一个眼长的中点。确定好这个距离后就可以很快地确定两只眼睛内眼角最边缘的位置，当确定两只眼睛的位置和长度之后，分别向两侧延伸，就可以确定两个外耳郭的边缘。以"三庭五眼"为标准，笔下的模特脸形会更加理想化。

虽然人的五官和面庞各不相同，但"三庭五眼"对于摆放五官的位置有一定的辅助作用。虽然要找出模特与模特之间长相的差别，但时装画并不是一种纯粹写实的绘画，在画面的处理上要尽可能地贴近完美、科学和时尚。不仅服装要考虑时尚感，在模特的选择上也要寻找时尚和美的感觉，美的模特能更好地对服装的美感起到衬托作用。

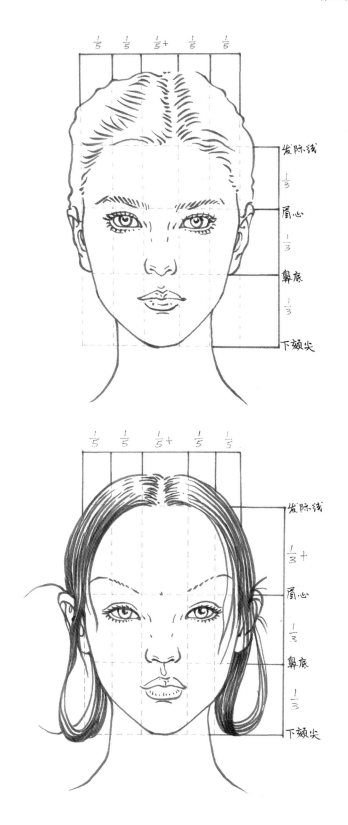

四、头像的整体表现

1. 长发的模特

在画模特头像时，脸部的五官和轮廓要严谨，而头发要画得松弛，这样才能形成更加生动的对比。

2. 戴丝巾的模特

针对戴丝巾的模特，在画丝巾的时候要注意丝巾的佩戴方式，以及丝巾的图案构成与模特脸部的呼应关系。

3. 戴帽子的模特

在画戴帽子的模特时，应注意帽子的外轮廓要略大于头部的外轮廓，这样看起来才更符合逻辑。另外针对不同的帽子设计，了解设计的造型特征和结构，就能更清晰科学地表现出设计的风格气质。

4. 男模特

在画男模特的时候，要注意他的男性化特征，男模特与女模特比较起来同样符合"三庭五眼"的比例。但男模特整体脸部轮廓棱角更加分明，下颌骨更为结实有力，脖子更加粗壮。在五官当中眉毛更粗重，由于不化妆，和女模特相比眼睛相对显得小一些。男模特的鼻子一般来说也会更加高挺，具有威严感。同样因为不化妆，嘴唇的颜色没有女模特那么鲜艳，形状没那么饱满。注意这些特征就能很轻松地画好男模特的头像。

5. 戴配饰的模特

在服装设计体系当中，服饰设计是重要的组成部分，服装设计与服饰设计密不可分。在时装画头像表现当中也经常涉及首饰设计，首饰设计是一门专业，所以我们在描绘模特的配饰、首饰的时候要以一个设计师的角度分析配饰、首饰的造型、风格、材质、质感，以及和服装之间的风格与色彩的呼应关系等。在画金属首饰的时候要运用绘画的基础知识，例如对几何形状的分析、空间透视的表现，把首饰当作工业产品来表现。

6. 绘制头像需要特别注意的地方

　　在学习了以上关于脸部五官和头发的知识点之后，我们了解一下头部的整体画法和需要特别注意的地方。在这个阶段很多同学还是习惯先画五官，再画脸形，再加头发。但实际上应该是先画头的总体轮廓，再画脸形，再划分"三庭五眼"，细致刻画五官，然后画出发型轮廓，最后画头发细节，这是比较顺手的步骤。

　　但是每个人的绘画习惯不一样，只要能够画好即可，我们并不对此做特殊要求。画脸的时候容易犯的毛病就是左右脸的轮廓不对称、左右眼睛不对称、左右眉毛不对称，大家要注意调整。另外用笔要注意选择较细的针管笔，这样更能深入刻画细节。

五、头像的绘制步骤

1. 马克笔头像绘制范例（一）

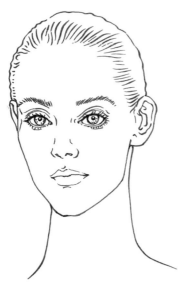

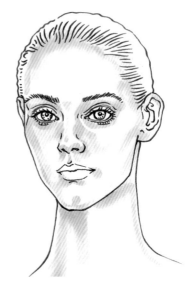

第一步：这是一个正侧面的模特，首先根据"三庭五眼"、骨骼结构等基础知识用铅笔起稿，注意对脸形的把握。根据铅笔稿画出正稿，这个过程不是对铅笔稿的描绘，而是对铅笔稿的改进和优化。

第二步：根据模特的光影关系处理皮肤色的第一个层次，高光的部分留白。这种写实的画法对于绘画时马克笔的控制难度更大。

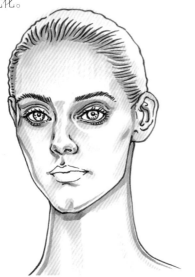

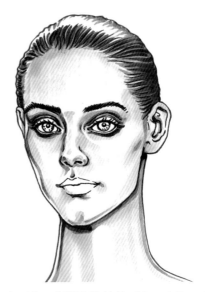

第三步：用深肤色塑造模特的五官、头发、眼影、脖子阴影的第一个层次。

第四步：进一步塑造模特的五官、头发、眼影、脖子阴影。对于头发的画法，用笔要顺着头发的梳理方向下笔。

第五步：进一步深入刻画面部的明暗交界线、阴影，注意用笔的方向感。

第六步：继续增加画面用色的层次，让画面逐渐亮起来，画上眼珠的颜色。

第七步：丰富画面颜色，加重画面中最重的部位，画面相对完成。

2.马克笔头像绘制范例（二）

第一步：这是一个比较复杂的头像表现，人物的动态、面部光影、眼睛的表现都不同于常见的模特面部表现。首先根据"三庭五眼"、骨骼结构等基础知识起稿。

第二步：画脸部第一个和第二个色彩层次。

第三步：进一步塑造皮肤色的阴影关系，注意颧骨和咬肌的明暗交界线。

第四步：选择更深的颜色塑造眉毛、眼窝、睫毛等颜色较深的部位。

第五步：在脸部几个肤色的层次画好之后，画嘴部口红的颜色，面部整体色彩基本完成。

第六步：用暖灰色塑造头上的羽毛和服装的阴影部分，注意笔触。

第七步：进一步调整后作品相对完成。

在时装画表现当中，这些步骤的分解是给大家提供一个简单的参考。大家要不断探索绘画的方法，积累表现的经验，创造自己的绘画风格。对于一个艺术家来说，自己的绘画风格极为重要。

第四章　人体的画法

一、人体的构造

在表现服装之前，必须先了解人体的基本比例和特征。但要想完美地表达人体之美，需要高超的绘画能力，也许只有像米开朗琪罗那样的大师才能对人体的肌肉、骨骼和动势表现得那么精彩和辉煌。我们希望能够寻找到一种简捷的方法，尽快地掌握人体的基本特征，这就是学院式循序渐进的学习方法，把复杂的形象简单化，把复杂的整体分散化，然后再重新组合，不断练习、进步，最后达到熟练与高超的程度。

时装的展示是建立在人体对服装的支撑上的，服装之下若隐若现的肌体让服装更加具有魅力，所以在画时装画之前对于穿衣模特的骨骼和肌肉有一定的了解和研究是非常有必要的。另外在绘画时，表现服装之外人体的裸露部分，例如肩颈、胳膊、腿部等身体部位，更需要对人体骨骼和肌肉的理解。在美术学院，人体解剖课程对学生们理解人体骨骼和肌肉带来很大的帮助，达·芬奇的人体解剖手稿现在仍会给我们带来很大的启发。

在画腿部时，膝盖附近的骨骼和肌肉是需要理解的重点，对于股外肌、股内肌、股直肌、缝匠肌以及胫骨、腓骨、髌骨等的理解将直接影响对腿部造型的表现。在画肩颈部位的时候，特别要注意的肌肉是胸锁乳突肌、斜方肌等。在画胳膊的时候，要注意三角肌、肱二头肌、肱三头肌、前臂屈伸肌群这些肌肉。

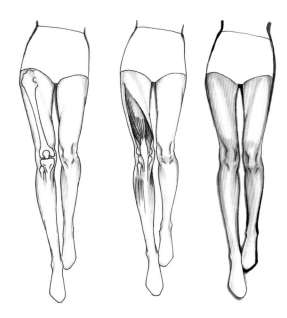

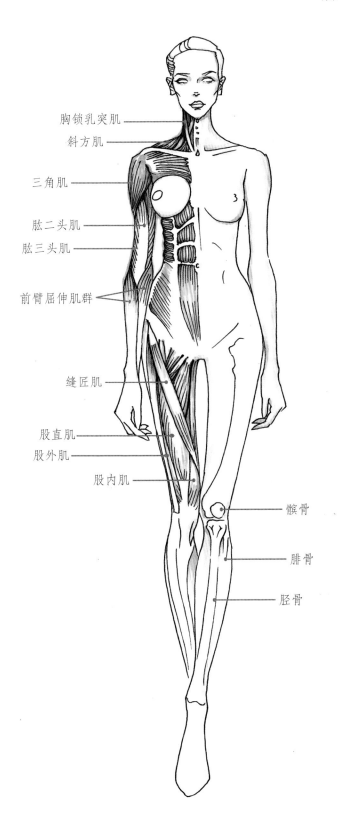

胸锁乳突肌

斜方肌

三角肌

肱二头肌

肱三头肌

前臂屈伸肌群

缝匠肌

股直肌

股外肌

股内肌

髌骨

腓骨

胫骨

二、人体的比例

一般来讲，我们按照头部与身高的比例来学习绘制人体。为了让人体看起来更加修长，绘制时装画时普遍采用比较夸张的八个头高或更多个头高，这主要是由服装的功能决定的。一般来讲，像穿着职业装和休闲装这类生活服装的模特的身高不宜太过夸张，否则有脱离生活的感觉。而隆重的礼服或表演装可以更加夸张一些。

夸张的人体如果按照头的比例来计算人体的部位会比较麻烦，我介绍一种更简便的方法给大家。首先想象从头到脚的高度为一条直线，然后在这条线的基础上分割出上半身与下半身。在画图时比较理想的比例是上半身和下半身基本相等，但在现实当中由于种族和地域的差异，这种比例差别也很大。将上半身的直线分割成中间较大、两端较小的三份，第一部分是头和颈的位置，第二部分的分界点正好是腰的位置。然后把下半身的直线分成两部分，上边是大腿，下边是小腿。我们把膝盖定在分割线的上面，这样的目的是让小腿看起来更加修长。

在这里还要注意一点，即人体的比例越夸张，下半身的比例也要相应地加大，这样看起来才自然。另外在时装画的人体比例当中，还要注意肩宽约等于 2 个头高，肘关节在悬垂状态下位于腰间最细处。手的长度相当于脸的高度，脖子的围度约等于小腿的围度。

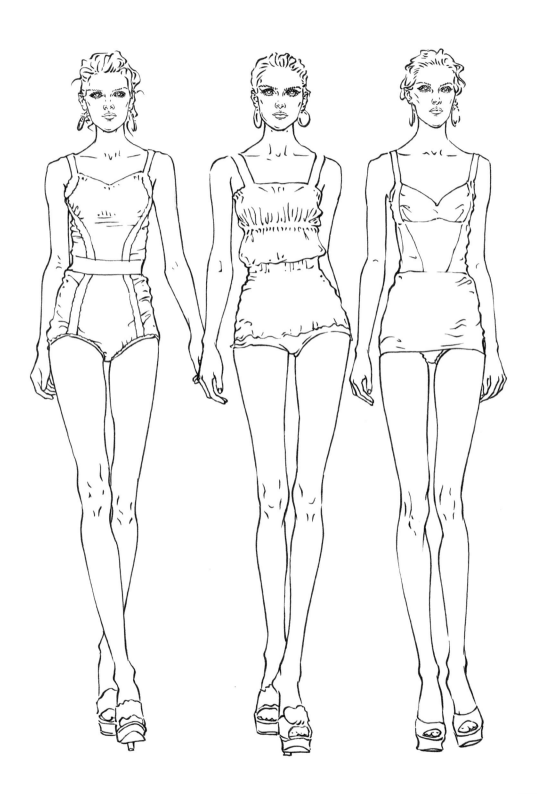

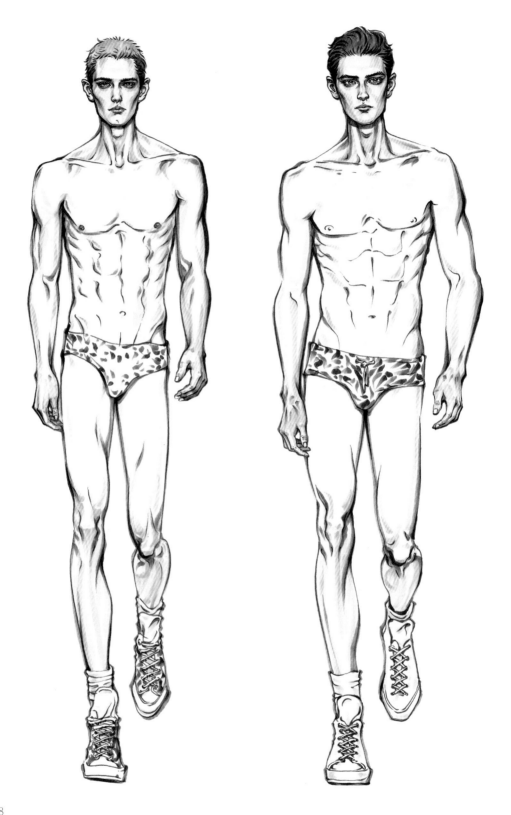

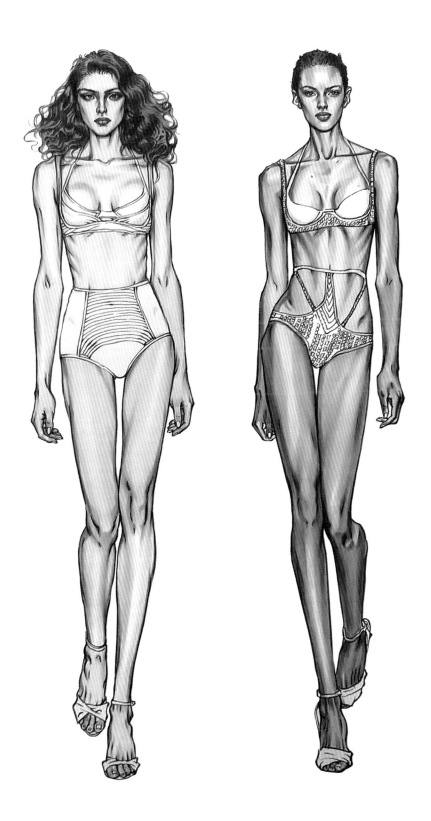

三、几何形体法

欧洲古代的教堂雄伟奇丽，但它们的建筑方法并不复杂，就是把一块块石头像搭积木一样搭起来，我们可以用同样的方法将人体的圣殿建立起来。面对人体微妙复杂的曲线变化，可以将其归纳总结成一些简单的几何形体，例如椭圆形、长方形、梯形、三角形等，然后按照我们之前总结过的人体比例加以排列组合，就会得到一个简单的人体模型了。

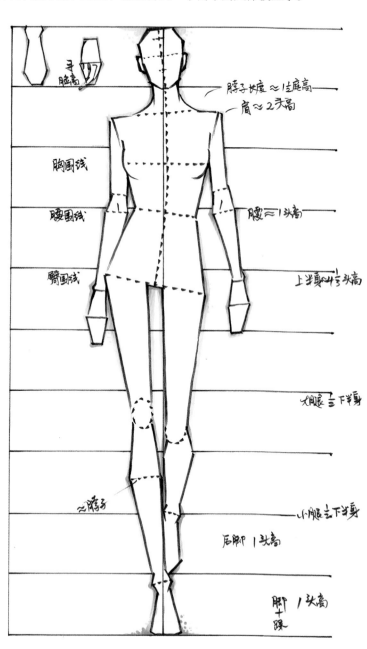

女性人体比例数据：

手 = 脸高

脖子 = $1\frac{1}{2}$ 庭高

肩 ≈ 2 头高

腰 ≈ 1 头高

上半身 ≈ $4\frac{1}{3}$ 头高

大腿 = $\frac{1}{2}$ 下半身

小腿 = $\frac{1}{2}$ 下半身

小腿围度 ≈ 脖子围度

后脚 = 1 头高

脚 + 踝 = 1 头高

　　然后在这个模型的基础上，进一步增加人体的曲线与几何形体之间的曲线过渡，就能得到一个较为理想的人体。这种方式就是学院式不断分析、学习的过程，在塑造形体的问题上都可以利用这种方法实现对复杂形体的塑造。在画手和脚的时候，我们同样可以利用这些基本的方法把形体塑造准确，包括比例、透视、形体特征等元素。第一步形体准确的问题解决了，第二步才是线的运用、线的风格等问题。

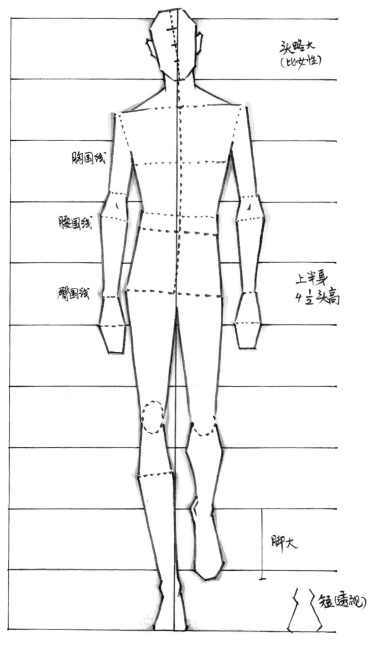

四、人体的动势

在时装画的人体动势中，一般选择身体正立面的形象和比较自然端庄的动势，因为这是最能全面地把服装的信息提供给观看者的动势。我们的目的是为了展现服装的款式之美，而不是舞蹈或体操运动之美，当然在表现运动服和休闲服的时候，适当加大人体的动势会使画面看起来更加生动。

在时装画的历史当中，不同时代对模特动作的表现是不一样的。早期的时装画习惯把模特画在一定的环境和情景当中，在胶片摄影时期，时装画则常常表现出模特的定格动作。近些年比较流行的是模特在行走中的动势，这种动势看起来生动自然，而且易于找到学习资料，所以很受学生的欢迎。

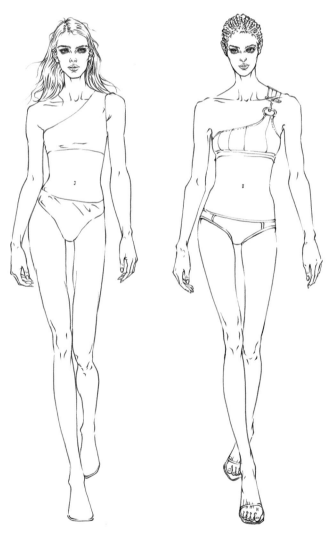

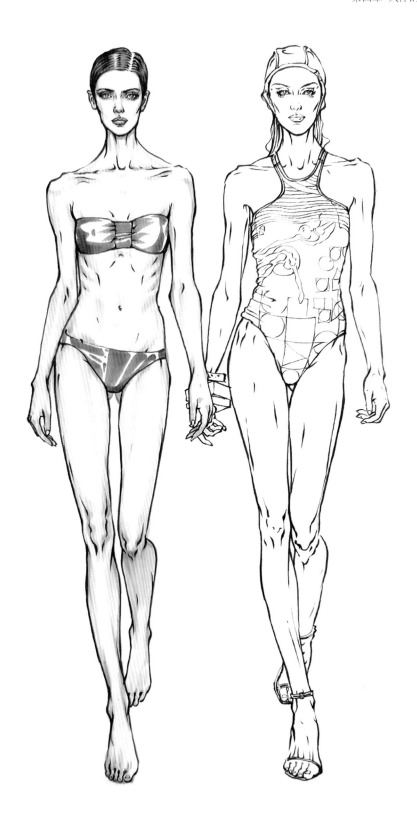

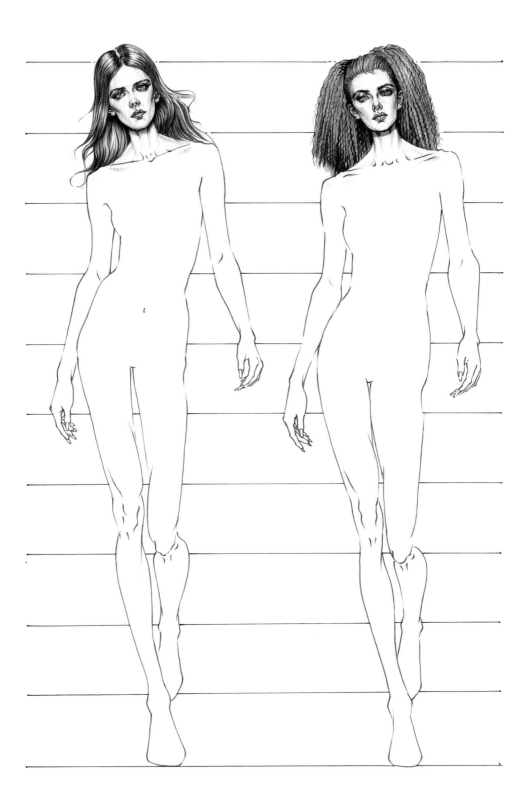

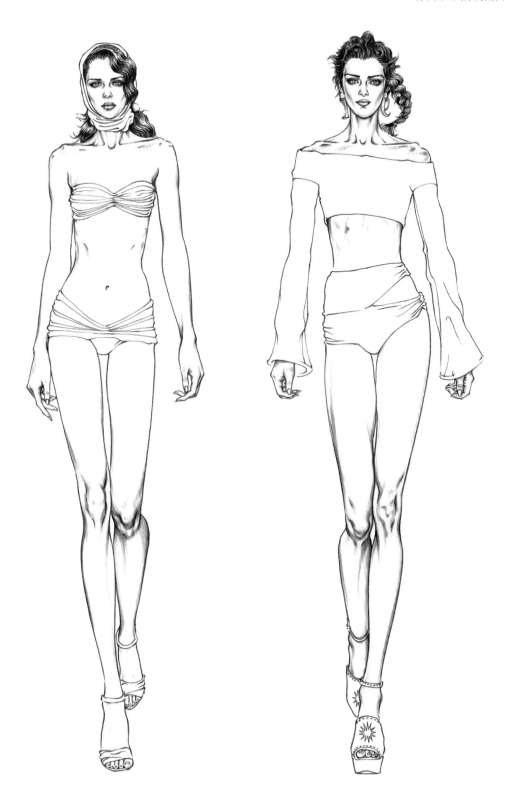

五、手的画法

　　我们先找出手的比例，要注意在时装画中手要画得大些，这样才能在整个画面中显得舒展。其大小在时装画人体的比例当中，和模特脸的高度差不多。然后画出手背和手指的比例和位置，注意手指不要画得太长，太长反而不好看，好看的手是符合比例的手。

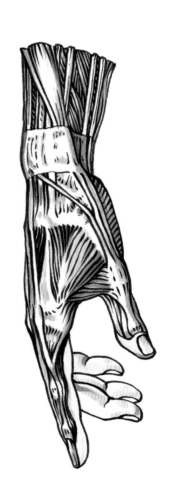

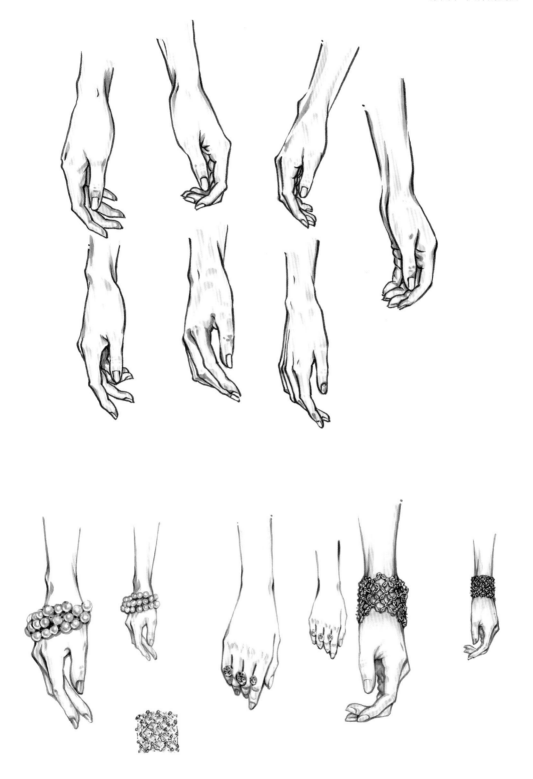

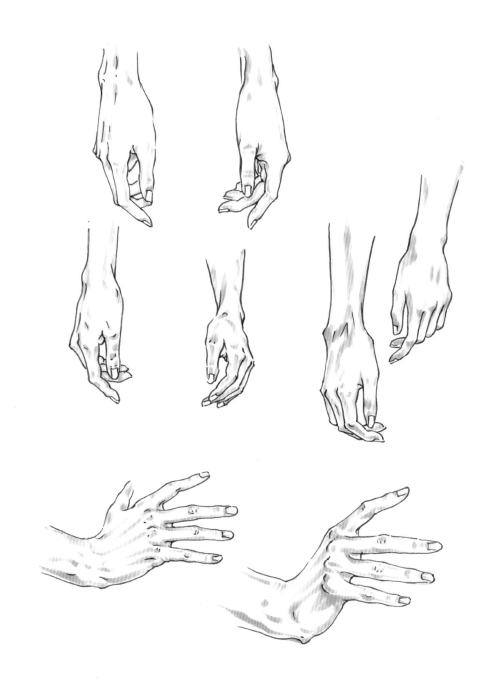

六、脚与鞋的画法

在时装画中脚也不能画得太小，否则会显得不稳。脚的比例在整个时装画人体中差不多相当于一个头高。然后再根据模特动势中脚所呈现的特征，按整体特征、比例分析、细致描绘这几个步骤加以塑造。

在时装画中一般主要表达服装的设计款式，但是鞋在服装整体风格的塑造当中起到了非常重要的作用。在表现鞋的时候除了注意鞋子与服装整体风格的搭配之外，还要注意相对弱化对鞋子的表现，以免影响服装在画面当中的主要地位。在画鞋的时候也要以设计师的视角注意鞋子的结构、色彩、质感等要素。

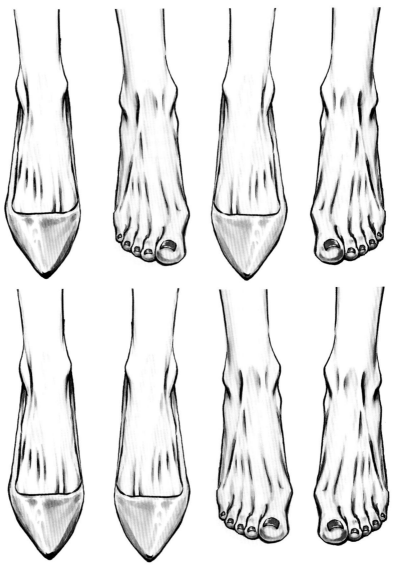

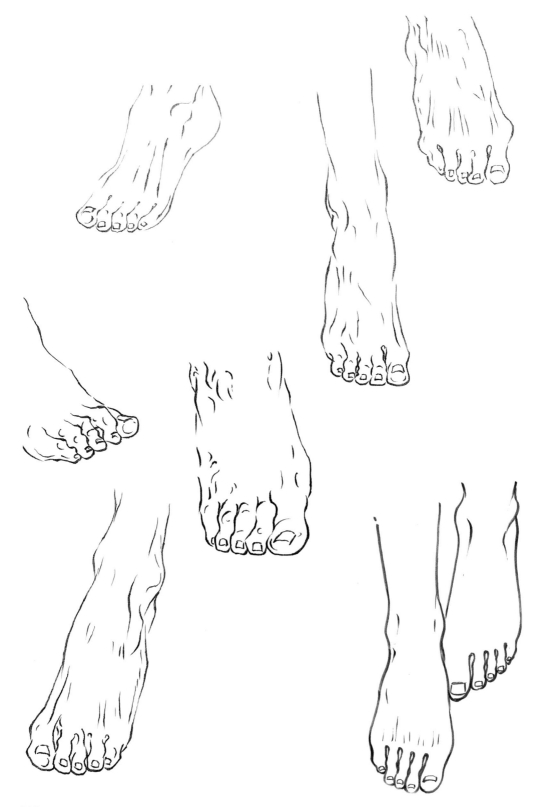

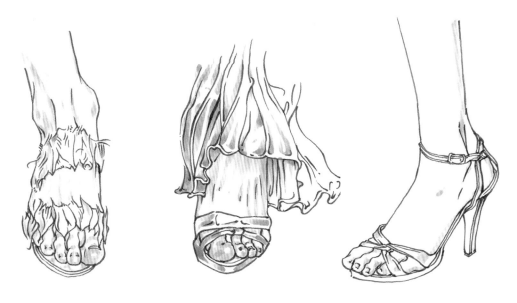

七、人体辅助线与服装的对应

　　大家知道在进行人体数据测量的时候需要量肩宽、胸围、腰围、臀围等数据，在绘制时装画的时候也要把模特的胸围线、腰围线、臀围线以及人体的中线以辅助线的形式画出来。这些辅助线是人体造型的辅助，更重要的是今后对于服装塑造的辅助，在画服装的时候可以透过这些辅助线分析、表现服装的造型、宽松度等设计元素，从而达到更科学、更接近完成效果的表现服装的预想状态。

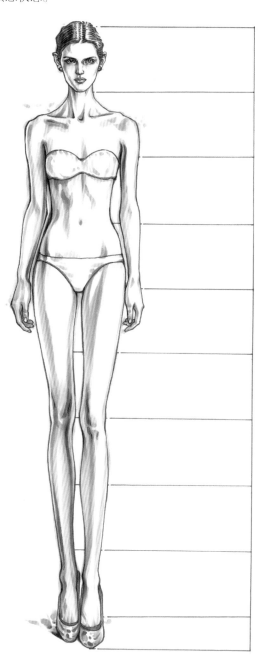

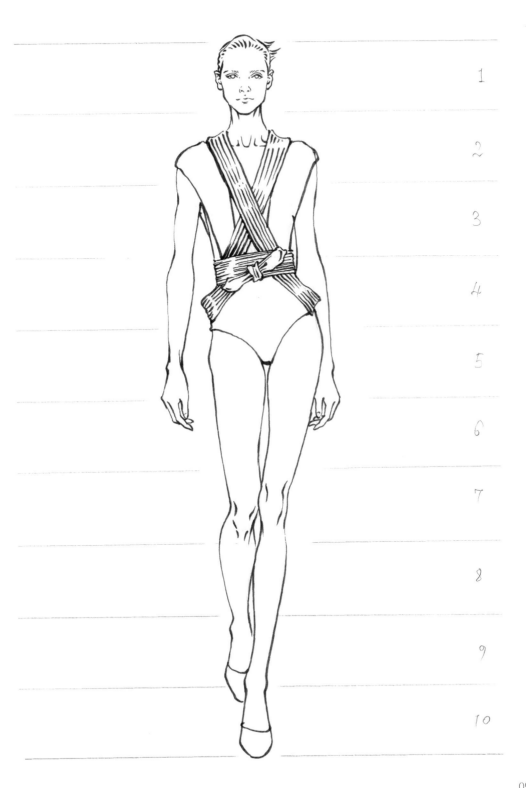

1

2

3

4

5

6

7

8

9

10

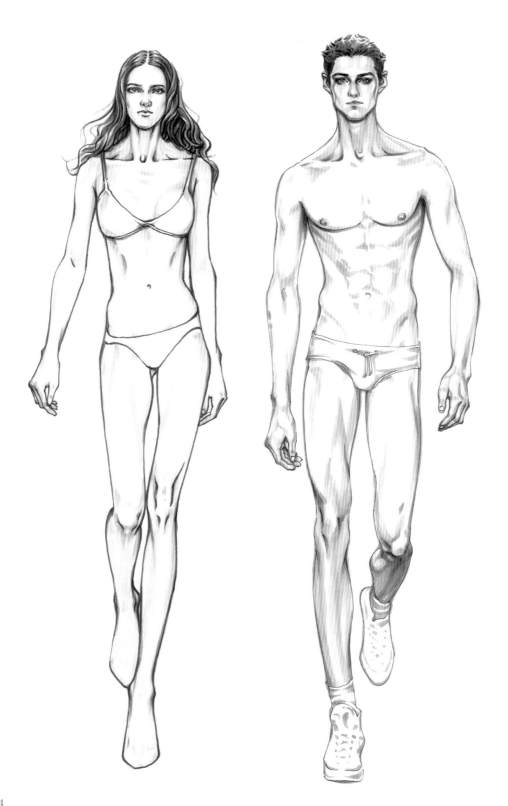

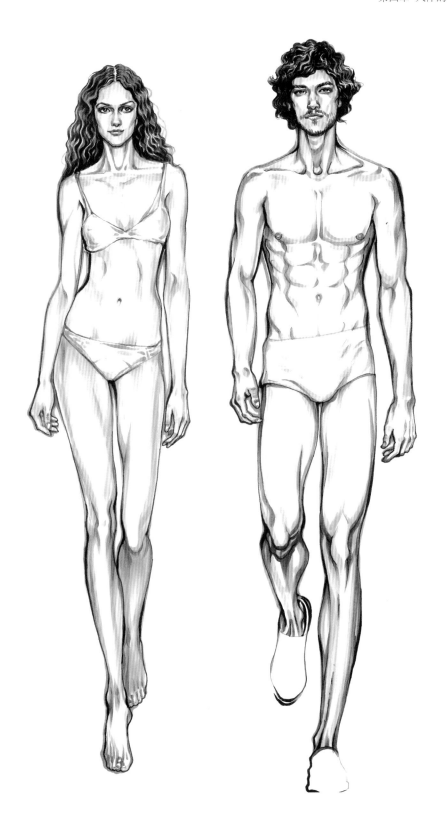

第一步：根据铅笔稿勾出针管笔稿，勾稿过程是对铅笔稿的修正和优化。

第二步：用皮肤色顺着人体的肌肉走向画出阴影部分，注意人体的肌肉和骨骼结构。

第三步：根据肌肉走向给皮肤上色，对于膝盖、指尖、腮部，用深肤色的马克笔描绘，画出皮肤色的变化。

第四步：根据肌肉走向和骨骼结构继续深入表现明暗关系。

第五步：根据光源和明暗关系对人体的暗部进行统一调整，完成头部的细致刻画，人体完成。

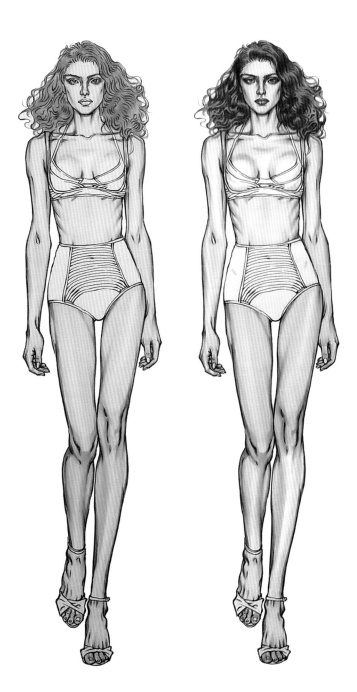

第五章　人体与时装的关系

当建立好一个人体动势后，就要在这个人体的基础上表现服装了。为了使服装的效果看起来更加真实，我们就要了解服装和人体之间的关系。服装在款式上基本可以分为薄而合体、薄而宽松、厚而合体、厚而宽松等几种类型。

一、人体与服装的悬垂和支撑

对于不同的款式、厚度和材质的服装在人体上的状态我们要具体分析，但总的来说受两种力的影响，一种是由地心引力产生的向下的力，另一种是人体对服装起到支撑作用的部位对于服装的支撑力。也就是说，服装受到支撑部位的形状随着人体的形态而变化，不受支撑部位的总体趋势是下垂的。把握这个原则，再结合服装款式和面料质感的变化，就能准确生动地表现服装。

二、学会鉴别哪些是必要的褶纹

服装在人体表面会因为人体的动势和服装面料的质地而形成不同的褶纹，有时候褶纹甚至作为一种设计元素出现在服装设计当中。不同质地的面料在人体表面形成褶纹的特点不一样，掌握这些特点对于塑造服装的质感很有帮助。

另外在褶纹描绘的过程当中，我们还要学会鉴别必要的褶纹和不必要的褶纹。必要的褶纹指的是设计师为了达到一定的造型目的而设计出来的褶纹，还有在人体的特定动势下一定会形成的褶纹。其余由于面料的特性和悬垂等因素偶然形成的褶纹，在绘画的过程当中要适当取舍，这样做的目的都是为了表现服装在最佳状态下的效果。

通常在时装画表现中会有一两种褶纹出现，有时候甚至有三种褶纹同时出现。如果能够很好地分析这三种基本褶纹的处理，就能够准确、自然、生动地表达服装在人体上的效果。

1. 服装的结构性褶纹

在服装设计当中，使用褶纹是一种常见的设计手段，各种褶纹的变化让服装的形式大大丰富。褶纹是一种十分女性化的设计，能够让服装更加妩媚生动。所以作为设计手段的褶纹是必须被表达清楚的，褶纹的疏密、长短、方向都应该在画面中表现清楚。

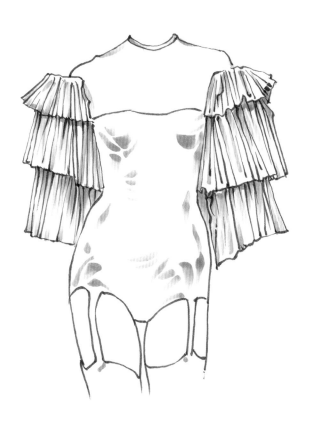

服装胸部褶纹和腰部褶纹的艺术处理通常成为服装设计的重点和亮点。如上图所示，这是一款设计灵感来自贝壳的服装，袖子部位的褶纹设计让服装在性感之外又增加了浪漫之感。

2. 人体的动势与形体特征形成的褶纹

由于人体关节部位的活动引起的褶纹，例如胸部、膝盖、腰部等部位的褶纹，在时装画当中是一定要加以表现的。因为这些褶纹能够表达服装下人体的活动，还有服装与人体的贴合程度，从而使服装在人体上的效果更加自然生动。

如下图所示，这组服装主要表现了人体在运动中产生的褶纹。左边的服装比较宽松，模特双手掐腰的动作更加突出了服装的体量感。宽大的袖子在胳膊转折处形成了丰富的褶纹，褶纹的构成有堆积褶纹、悬垂褶纹，还有运动褶纹。右边服装款式紧身合体，高反光面料突出了人体的健美，在服装的褶纹构成中运动关节部位非常明显，服装下面胳膊的三角肌、二头肌若隐若现。

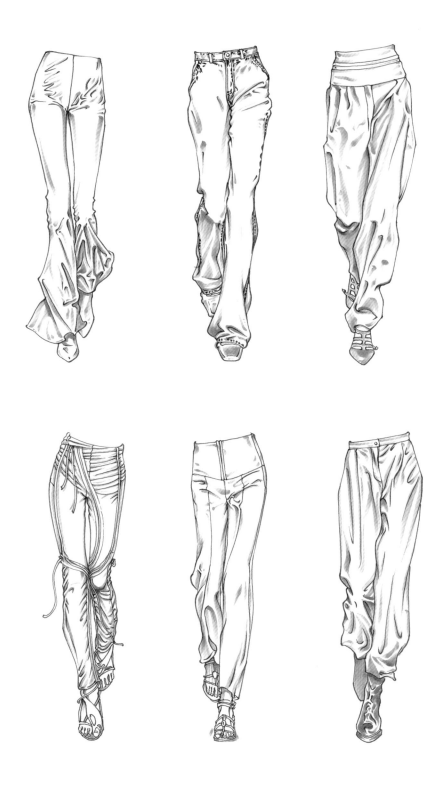

3.服装面料质感形成的褶纹

由于服装面料本身质感的不同，褶纹表现的状态也会有所不同。丝绸的褶纹曲线光滑、修长、连贯；亚麻面料的褶纹较为短促、僵直；厚呢绒面料的褶纹少而浑圆；薄纱的褶纹笔直细密；等等。注意观察各种面料的褶纹特征对于表现面料的质感是十分重要的，但是应该注意的是，在时装画的表现当中质感褶纹不宜过多，否则会让服装显得陈旧而凌乱。

在服装设计中，胸部的褶纹属于结构性褶纹，腿部的褶纹属于生理褶纹，而领部的笔触表现了质感褶纹。

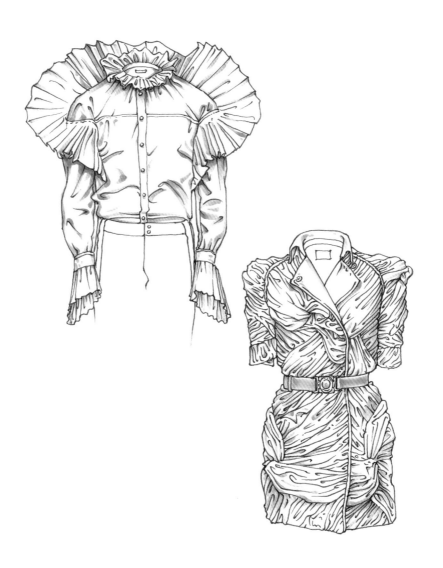

第六章　面料质感的表现

一、面料质感表现综述

1. 从大师作品中获得启发

　　服装质感表现是时装画重要的组成部分，服装设计师需要掌握各种面料材质的特点，并将其在设计中发挥出来，形成服装独特的感觉。这个时候在我们的头脑中往往出现很多绘画大师的影子，他们仅仅用手中的颜料和画笔就描绘出了丰富多彩的景象，无论是安格尔细腻的笔触，还是萨金特的气韵，都给我们带来极大的启发。

108 页图：作品来自让·奥古斯特·多米尼克·安格尔（Jean Auguste Dominique Ingres, 1780—1867 年），他出生于法国蒙托邦，是新古典主义画家、美学理论家和教育家。

109 页图：作品来自约翰·辛格·萨金特（John Singer Sargent, 1856—1925 年），他是美国 19 世纪末 20 世纪初著名的肖像画家。

2. 用色彩和笔触表现面料质感

在时装画技法课程当中，学习的时间是有限的，如果能够多吸取优秀艺术家的绘画经验，对于绘画技法的提高会很有启发，同时对于艺术修养的加深也很有裨益。当表现服装的面料质感时，可以将绘画元素拆解成色彩和笔触两个部分，这样对于面料质感的表现会有一个清晰的认识。

在色彩方面对所要表现的面料进行色彩分析，先分析出面料色彩的色相、明度、冷暖等要素，这些要素构成了面料在空间环境当中的色彩，然后再根据这些要素去选择马克笔的颜色。这里的空间环境指的是在日光或舞台聚光灯的条件下服装所呈现的颜色，而不是带颜色的灯光或侧光、背光等特定情况下的服装色彩。

在用马克笔上色的过程当中，笔触的方向、粗细、形状都构成了画面当中具有表现力的元素。当今由于马克笔不断升级换代，软头马克笔更像中国传统的狼毫毛笔或尼龙笔头的水彩笔，相比以前的硬头笔能够画出更丰富的笔触，从而让画面更加具有表现力。要根据面料在人体上所呈现的状态来确定马克笔下笔的方向，要依据面料肌理的方向、面料高光的方向、面料褶纹扭曲的方向来组织笔触。再搭配合适的色彩，就能快速生动地表现出面料的质感和色彩。当然对于不同面料，还要具体分析不同面料的特点。

3. 用马克笔上色的普遍规律

用马克笔上色有一些普遍规律，一般都是从高明度色彩画起，然后画灰色调和阴影部分，在绘制过程中色彩明度逐渐加重。色彩的明度差别越大，画面越清晰明亮，但是不能破坏画面的整体色调。在时装画中面料质感的色相表现要以面料固有色为主，对于在环境影响下的冷暖变化要适当考虑，不要破坏服装本身的色调，以免带来视觉传达上的误解。

二、皮草质感的表现

　　皮草质感面料分为动物皮草和人造皮草，在环保理念的不断倡导下，各种人造皮草在服装设计中的应用日益广泛。皮草质感的服装给人狂野的感觉，同时也是奢侈和昂贵的象征。皮草有针毛和绒毛之分，针毛华丽，绒毛细腻。

　　在表现不同花纹色彩和质感的皮草时要区分表现，绒毛要用细腻密集的短笔触，针毛要用方向感明确的长笔触。皮草质感一般都比较吸光，没有反光，色彩过渡柔和。在笔触的表现上要注意使用两头尖的笔触，这样的笔触利于画面色彩的衔接。在色彩运用上要由高明度色彩向中低明度色彩逐渐过渡，卡其色、咖啡色、沙黄色等暖色调的色彩是时尚皮草常用的色调，另外皮草也有很多流行色的运用。

三、牛仔质感的表现

　　牛仔布是一种较粗厚的色织经面斜纹棉布，经纱颜色深，一般为靛蓝色，纬纱颜色浅。牛仔服装始于美国西部，具有粗狂自然的气质。牛仔面料分斜纹、平纹或绉组织牛仔，坯布经防缩整理，缩水率比一般织物小，质地紧密，厚实，色泽鲜艳，织纹清晰。在服装设计中牛仔面料多经过磨砂、水洗处理，呈现出更好看的层次。

　　在表现牛仔面料的时候，要选择好马克笔的颜色。马克笔的颜色要接近牛仔布的颜色，在上色时顺着服装的褶纹下笔，有时候比较干的笔头更能表现出牛仔布粗犷的感觉。在表现牛仔服装缝合线部分的水洗效果时，要用小笔触塑造细腻的变化，才能画出真实的感觉。

四、绸缎质感的表现

绸缎面料在服装设计中是比较常见的。绸缎面料的特点是华丽优雅，有较强的光泽感，能很好地表现人体的曲线美，褶纹柔和圆润，气质温雅。

在描绘绸缎服装的时候要注意光泽感的表现，注意每一个褶纹的明暗色彩关系。高光部分与明暗交界线明度反差较大，阴影反光较强，这是色彩上的特点。在笔触塑造上，笔触要长，要圆满柔和，注意色彩过渡的柔和，不要出现残破的笔触。

五、透明装质感的表现

御寒和遮羞是服装的传统功能，透明装的出现打破了传统的禁忌，让服装的审美功能更加多元。透明装的设计更加惹人关注，在表现透明装的时候，我们要做的也是色相的分析。

例如黑纱面料，透过黑纱皮肤的颜色会加重，反之白纱面料后的皮肤颜色会变浅。由于纱的叠加会导致透明度的变化，所以要选对颜色，然后按照纱的走向下笔描绘。

六、针织质感的表现

针织面料是利用织针将纱线弯曲成圈并相互串套而形成的织物。针织面料与梭织面料的不同之处在于纱线在织物中的形态不同，具有质地柔软、垂感好、透气性好的特点。针织分为纬编和经编，针织面料广泛应用于服装面料及里料当中。

在绘画针织面料的时候应当对面料的特点进行总结，把针织面料的肌理走向、图案构成规律、色彩构成规律等元素分析清楚，铺好基础色后顺着面料的肌理走向下笔，逐步塑造出针织面料的质感。同时注意面料在人体上的附着关系，根据人体改变线条的扭转和疏密关系。

七、服装细节的表现

时装画不仅仅要画出绘画的气韵，更要交代出服装的种种制作细节。用设计师的审美眼光、样板师的结构理解、工艺师的制作理解等综合能力去考虑对服装的表现。每一款设计精美的服装都有独特的设计点，或者是结构，或者是肌理质感，或者是图案设计等。每个服装元素都要仔细揣摩研究，然后进行分析，这样在画图的时候会对设计有更多的理解和领悟，对于学习服装设计的同学很有帮助。

服装设计师的灵感总是千奇百怪、层出不穷，不是每个细节我们都能理解到位，这时我们就要用绘画的基本方法从形体特征、质感表现、色彩构成等角度来表现服装的细节。

八、综合质感的表现

在当代服装设计当中，多种服装面料混合运用是常见的设计手法，多种面料混搭能够带来更加丰富的视觉感受，在设计语言的运用技巧上也对设计师的能力提出更高的要求。对于时装画的表现来说，就是随机应变地把各种面料表现技巧结合起来使用，不同面料的综合运用具有鲜明的时代特征和设计理念，从而传达出更复杂的设计思想。华丽与质朴、粗犷与细腻、古代与当代等不同的元素都通过综合面料设计融为一体，展现当代人类复杂的美学取向。

第七章　服装的创新与设计

一、后现代主义服装

今天我们能够欣赏到很多后现代主义风格的服装，其表现形式为多种元素的杂糅混搭，并通过这种形式给人带来新鲜的感觉。这种混搭可以将不同的服装形式进行混搭，也可以将不同文化、民族的服装进行混搭，还可以将不同时期的服装进行混搭组合，形成新的视觉体验和丰富的视觉内涵。后现代主义服装设计师不重视传统服装的穿着逻辑，也不重复历史，而是利用各种视觉图像的资源进行新的创作，再用深厚的美学修养重新组建打破传统的精彩作品。

后现代主义服装建立在对传统服装的解读基础之上。传统服装约定俗成的功能和含义在后现代服装中被消解并生成新的感觉，这种感觉有时是戏谑、风趣的。后现代主义服装打破了时间、空间、文化的界限，为服装创新提供了强有力的理论基础，让我们能够更加自由地进行设计表达，创造更丰富的视觉盛宴。

二、解构主义服装

　　解构主义服装的特点不仅是对现有服装元素的拆分，更重要的是对于服装元素的重组，打破原有语言的意义，建立似曾相识的新语义。建立在解构主义思想基础之上的设计师，能够把传统服装的任何基本要素进行重组。解构主义服装对近现代传统意义上的服装结构进行破坏与重组，对服装进行重新整合设计构思，将服装造型的基本构成元素进行拆分组合，形成特色突出的外形结构特征。这种反常规、反对称、反完整，超脱既定模式的设计理念和方法为当代服装形式的极大丰富与天马行空的设计理念打下坚实的基础。在服装设计当中，单纯地破坏并不能称之为美，重新生成后所产生的新意要能够提供新的审美美感经验。

三、新技术服装

　　服装设计在发展过程当中始终受文化、经济、技术等因素的影响，而技术对服装的影响也是巨大的，每一次新技术的注入都让服装产生了巨大的变革。新兴的 3D 打印技术为服装设计带来新的革命，这种技术在服装设计中的使用不仅改变了传统服装的面料材质，也改变了传统服装的裁剪方式，让服装更加具有未来科幻的气质，打开了服装设计的一条新的道路，展现了前所未有的生命力。在时装画的表现上也为我们提供了新的课题，服装所呈现的这种复杂的空间感和秩序感，对绘画技巧和水平提出了更高的要求。

四、大廓形服装

在人类几千年的历史当中，服装的轮廓始终围绕人体的形状与人类的好恶转变而变化。在服装史上出现过的廓形按字母形状可以划分为 A 形、H 形、O 形、T 形、X 形等。如果按几何形状可分为椭圆形、圆形、长方形、正方形、三角形、梯形、球形等，也有按物体形状命名的气球形、钟形、木栓形、磁铁形、帐篷形、陀螺形、圆桶形、郁金香形、喇叭形、酒瓶形等。

每一种廓形的服装都有独特的魅力，但囿于人体所限，服装廓形的整体趋势无法无限扩张，每一种廓形的产生都需要天才设计师不懈地努力。除上述这些廓形之外，约翰·加利亚诺曾经推出多元廓形，廓形可以是多种形状的组合，这和他的后现代主义时装相契合。近年来又出现了大廓形的流行趋势，重新点燃人们对服装的新鲜感。大廓形服装是一种造型技术上的尝试与挑战，它忽略人体的线条表现出来的空间造型、巨大的膨胀感和体量感带来巨大的视觉冲击，同时也带来荒诞感和更大的表现空间。

五、图案与工艺

在服装面料的表现当中，面料图案和面料的艺术处理有时候也会成为需要表现的内容。图案是对文化含义具体又含蓄的表达，在中国传统图案当中，每一个具象的物体都有具体的吉祥含义。例如蝙蝠代表洪福齐天，牡丹锦鸡代表富贵吉祥，莲花白鹭代表一路连科等。现代服装图案也具有新的美学含义，往往成为服装设计的点睛之笔。

在表现服装图案的时候需要了解服装图案的构成方式，是二方连续，还是四方连续，或者是适合纹样。然后在绘画时要根据服装的透视与转折画出图案的位置和变形，再对图案进行适当的简化和符号化，这样画出的服饰图案不会过于复杂。当表现服装工艺的时候，需要对服装的面料再造工艺手法有一定的了解，这样画出的工艺才能专业翔实。

第八章　时装画作品赏析

一、形与线的空间

线描是中国传统艺术的强项，中国画用线的技术也影响了东亚的很多国家。在中国传统绘画当中，线的画法丰富，表现力强大。欧洲绘画在文艺复兴之后不断追求科学与写实的表现方法，线的表现逐渐在绘画中消失，代之以笔触和色块。直到新艺术时期，画家阿尔方斯·穆夏重新开始用线作为绘画表现形式，线的速度与美感重回大众视野。

如今我们能够很容易地看到西方经典作品的高清照片，对眼前的事物进行摹写是绘画练习的基本状态。选择立体的雕塑、平面的油画等大师作品进行摹写练习，对画手的水平提出了高难度的挑战，然而这种高难度的练习有助于提高绘画水平和对绘画的认识。在用线的过程当中感受笔触与形体的关系，感受空间当中的美感，感受大师对于画面元素的组织能力，感受大师处理空间问题时的游刃有余。

如 125 页图所示，这是一幅礼服的线描稿。在画线稿的时候，除了考虑款式的结构以外，还要考虑线条在画面的组织疏密关系，让松弛的线条与紧张的线条有机结合。对于这些画面构成的理解和服装设计的原理是一样的，都是通过各种元素构成的有机结合达到变化统一的效果。

126 页图：这是一套多种面料材质组合的服装，虽然没有上色进一步渲染塑造服装的质感，但通过线条的力度、方向以及笔触的变化，可以对面料的特征进行模仿，从而捕捉薄呢、薄纱、皮草、图案等特征。笔触的圆滑、扭转、断连、抑扬顿挫与服装面料的不谋而合会形成一种画面的趣味。

127 页图：针对看起来比较复杂的服装，首先对服装的基本款式进行分析，然后在基本款式之上确定装饰、图案、肌理等细节的位置、大小和比例，再进行深入勾画，就能很好地表现出复杂的服装。在画流苏的时候要考虑流苏摆动时的生动变化和前后的重叠、穿插关系，可用铅笔先进行透视分析，然后再描绘。

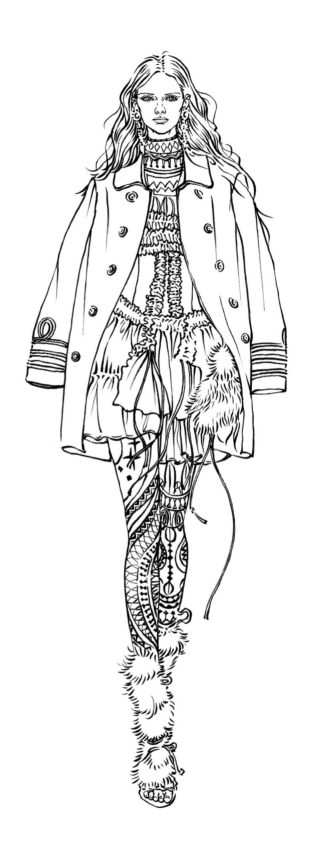

128 页图：高级时装往往有复杂的装饰，发光的材料更加显示服装华丽的气质，在用线表现服装表面富有光泽的装饰时，要根据人体的凹凸转折，掌控笔触的轻重变化。暗的部位下笔略重，光亮的部分轻轻下笔或者留白，就能在画线稿的时候塑造出服装闪光华丽的质感。

129 页图：大礼服作为服装制式的最高等级，代表了服装设计最高的水准。在画大礼服线稿的时候要充分考虑大礼服的设计特点、体量感、气势等要素，对人体高度和服装体量感进行适当夸张，效果更好。

二、表现与风格

时装画是兼具实用性和艺术性的画种。它是一种视觉传达的手段，是用于交流设计的视觉呈现，所以只有写实具象的画法，才能更直观地表现设计意图。尤其是对于艺术想象力不足的顾客，真实的表现才能够让他们读懂。而具有风格的草图形式的设计图更适合内行之间的交流，我们看到很多服装设计大师的手稿都属于这种写意类型的服装设计草图。

写实的时装画不仅对绘画能力要求很高，也很容易索然无味，缺乏艺术的灵气。插画师在进行绘画创作时，有意无意间会流露出个人的绘画风格，这种个人风格是宝贵的，具有个性的绘画风格是一个插画师创造力的体现，丰富多彩的画风也让世界更加丰富多元。

如 131 页图所示，这是一组表现服装黑白灰色调搭配和不同质感组合的练习。黑、白、灰属于无色系，是很多服装设计师喜爱的色彩搭配，有的设计师终生只用黑白灰设计服装，黑白灰可以组合出丰富的变化，表达出不同的设计趣味。黑白灰三种颜色在不同质地下呈现不同的特征，皮革是反光材料，高光部分和阴影部分明度对比强烈。皮草和毛呢属于吸光面料，色彩过渡柔和、沉稳、丰富。这幅画在绘制过程中运用了不同明度的冷灰色和暖灰色马克笔，白色部分采用留白处理，画面中冷灰和暖灰的穿插运用让画面统一又富于变化。

132 页图：这是一款纱质感面料的小礼服，在领部设计上具有含蓄的东方美感，用纱质面料打造的花边呈现出优雅浪漫的感觉。在绘画过程中应该注意丰富细腻效果的表达，根据纱的褶纹走向有条不紊地用笔触表现服装的气质。

133 页图：这是一组黑白色调的礼服，采用黑色的纱质透明面料。右边的皮毛大衣质感粗犷，与礼服的丝绸、薄纱面料构成的华丽细腻的质感形成强烈的对比。在塑造质感的时候要根据薄纱的图案和褶纹的走向下笔，并用不同明度的灰色塑造面料的质感。皮草大衣在绘制时要考虑皮草的特点，这是一件羊毛材质的大衣，表面布满卷曲的纹理。在下笔时要考虑皮毛卷曲的方向和变化，不能画雷同。这张画在背景处理上采用了抽象的复杂构成形式与面料呼应，让画面气场更加强大。在表现画面背景的时候不应千篇一律，应该多思考画面的构成关系、设计灵感的表现，以及画面的整体氛围。

134 页图：在当今的时尚舞台上活跃着各种肤色的模特，表现了丰富的时尚之美。这是一款由黑皮肤模特穿着的乳白色半绣花小礼服，模特的肤色与服装的乳白色形成鲜明的对比，让服装的效果更加突出。在绘制的时候要考虑模特皮肤的颜色，考虑色彩、色相、明度的变化和色彩的衔接，避免生硬。

135 页图：服装上的图案是皇蛾的翅膀，据说这种皇蛾生活在不列颠群岛，雄蛾在白天飞来飞去寻找雌性，而雌性通常只在夜间飞行，设计师选择这个图案可能另有深意。在表现服装图案的时候先用相应的颜色画出基本图案的颜色，然后用点绘的方法点出蝴蝶翅膀鳞片的效果。

136 页图：礼服适用于隆重的场合，突出华丽奢侈的感觉之外也要突出穿着者的气质，对穿着者的身材要求较高。这张画是在严谨的人体结构上添加礼服，能够比较清晰地看到服装和人体之间的松紧关系和虚实关系。

137 页图：这是一组男女休闲装的练习，画面中的服装采用了舒适的高明度颜色，面料质感丰富，皮草、毛衣编织、轻薄的尼龙面料、彩色的围巾等都有所表现。另外画面中丰富的褶纹随着人体变化，也充分体现了人物的运动感和年轻人的活力。

138 页图：这张画在表现皮草质感的时候，对面料的处理没有采用面面俱到的方式，而是采用留白的手法给观看者留有丰富的想象空间，欧洲传统经典时尚插画中经常运用这种手法。画面中几何图案的秩序感和皮草的蓬松感相映成趣。

139 页图：在这套服装中裤子采用了抽象的图案面料，给人一气呵成的爽快感和色彩流淌的运动感。然而在表现图案时并不能画得那么随意，而是要分析图案的构成、走向以及色彩流淌的规律，还有色彩滴落在画布上的具体位置和形状，这样才能塑造出面料图案那种色彩流淌的感觉。

140 页图：毛线编织类服装质感表现的关键在于对毛线编织肌理的理解和分析，抓住毛衣编织的特点。由于编织服装具有悬垂感，并且比较贴合人体，所以画毛衣的时候要把毛衣的边缘画得比较圆润服帖，对于比较薄的紧身毛衣要考虑人体的肌肉构造。

141 页图：皮草种类众多，在表现皮草质感时要注意观察，抓住不同皮草面料的特点。这款服装的皮草由鸵鸟羽毛构成，与其他禽类的羽毛不同，用鸵鸟羽毛制成的羽绒长而柔软，手感极好，不产生静电。走路时羽绒轻舞别具美感，在表演性服装设计中经常被使用。在描绘鸵鸟羽毛皮草时应注意画出轻盈蓬松的感觉，在暗部画出长长的绒毛之间的大致走向和穿插关系，亮部可留白处理。

142 页图：在表现 PVC 质感的服装时，对于服装高光部位的留白很重要。画的时候要做到心中有数，另外在留白的旁边往往需要低明度颜色的配合，才能画出高反光面料的特点，色彩在低明度范围内过渡。

143 页图：这套服装色彩变化很有特点，有扎染渐变的感觉。先用小楷笔表现出毛衣的花纹肌理质感，然后用马克笔渲染涂色。在表现裙子的时候注意腿部运动时对裙子造型的影响，用受光面和背光面的明暗变化来表现运动。

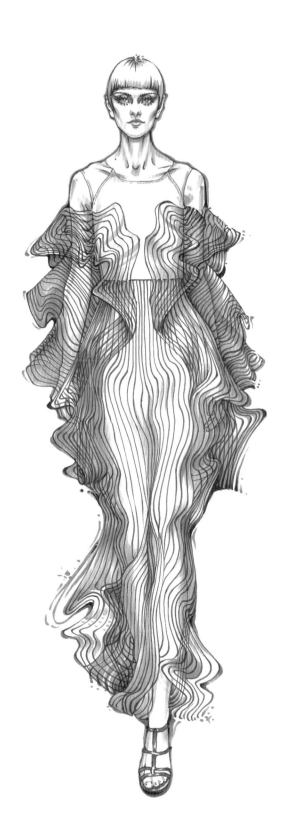

144 页图：欧洲的时装设计深深地根植于欧洲文化之中，欧洲传统文化的流传和保护让当代的人们能够很好地了解欧洲传统艺术，而且欧洲又是现代艺术的发源地，给予设计师无限的启迪。作为设计师，眼界、阅历、对艺术的理解都十分重要，文化底蕴能够在瞬间转化成设计的灵感。时装画有时不仅要表达看到的，也要表达想象到的。

145 页图：有些未来风格的服装比较难以表现，在绘画时需要对形体图案的空间透视、图案构成进行深入的分析，绘制出详细草图后再进行勾画描绘。

146 页图：在服装设计中面料掐褶和扭转是一种常见的设计手法，常常应用在礼服设计当中。这款休闲装就应用了这两种设计手法，在表现褶纹的时候要注意褶纹的设计方式和疏密变化，然后对褶纹的色彩进行分析，把面料的受光面、阴影色、高光分析清楚，由浅入深进行塑造。

147 页图：褶纹的设计手法是千变万化的，这也是两款以褶纹为主要设计手法的服装，不同的是设计师用支撑材料让服装的廓形有超出常规的变化，更具当代感和想象空间。褶纹的构成规律增加了服装的肌理感，在表现的时候要注意褶纹的变化规律和方向。

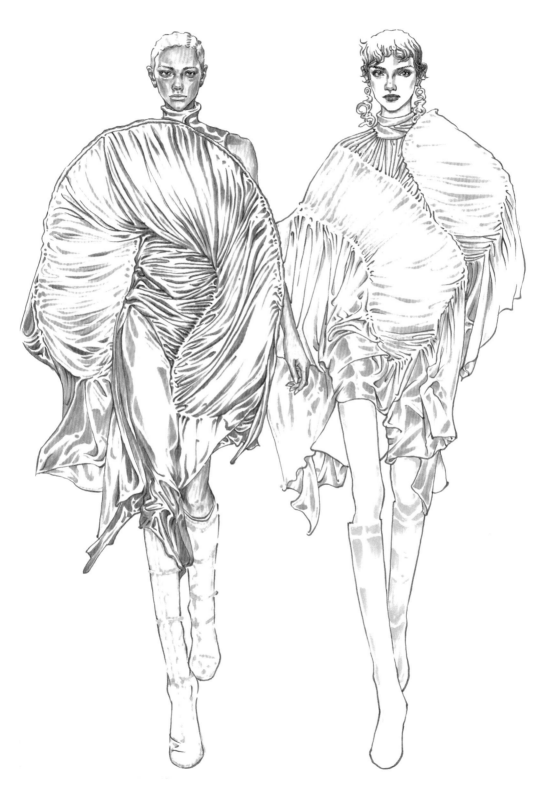

148 页图：这是一款大廓形的服装，大廓形服装体量巨大夸张，具有视觉冲击力。在画大廓形服装的时候也要从人体入手，先画出模特的人体，然后分析服装的廓形与裁剪，让服装的支撑部分具有合理性，这样画出的服装才能够更加准确合理。褶纹的塑造要根据人体的运动规律，在关节部分特别注意褶纹的形状和规律。

149 页图：夸张的发饰设计与服装的造型相呼应，表现头发的时候要注意头发造型的整体特征、起伏扭转。在表现发丝细节的时候注意一般不要出现平行和交叉的线条，平行显得呆板，交叉显得凌乱。

150 页图：这组服装是对服装质感和条纹图案的练习。左边服装整体是一个绿色调，设计师采用了不同的材质：皮草、鳄鱼皮花纹皮革，绿色调配以补色花纹的裙装面料构了一套质感丰富、色调统一的高级时装。金色的头发和金色调短靴的搭配也很和谐。右边服装表现了条纹图案在人体支撑下的微妙变化，另外在人体运动的状态中褶纹发生了扭动，条纹也随之变化，产生复杂的空间变化，这种变化增加了画面的表现力。在表现条纹的时候还要注意冷暖色的变化，加强画面的空间和色彩的微妙感觉。

151 页图：这是一款新潮的不对称休闲装，色彩比较统一，背景的处理让画面活泼而富于动感。

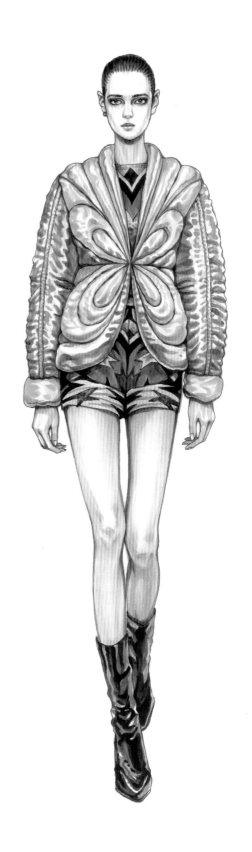

152 页图：羽绒服是常见的填充类服装。在当代的服装设计中，填充的设计手法能够营造巨大的体量感和未来感。在塑造填充面料时要注意服装造型的特色、分割线的组成方式和美感。一般来说填充类型的服装面料都很薄，所以车缝线附近褶纹比较多。

153 页图：两套服装在材质上运用了传统的牛仔面料和新型 PVC 透明面料，新奇的组合给服装注入了新潮的元素。针对牛仔面料的色彩塑造，要选择最接近面料色彩的色相和明度。在绘制的时候下笔要迅速，用形成的飞白效果来表现牛仔布的水洗磨砂效果。

154

154页图：这组服装主要表现不同质感的皮草效果。在表现皮草时要考虑皮毛的长短和纹理走向的特征，另外还要考虑服装在空间中受光、背光的因素。受光面可适当简化，背光和阴影部分加重塑造。在画动物皮草花纹时，要先对花纹的布局和色彩进行分析，做到心中有数。

155页图：这件礼服采用了鸵鸟毛和亮片装饰。鸵鸟毛的特点是十分轻盈、飘动，有向上飞舞的感觉。

156 页图：男模的特点是肌肉发达，服装下隐藏的肌肉支撑起服装坚实的轮廓和质感。另外男性手和脚都略大，显得更加粗壮有力，所以在画男模的时候要注意恰当的比例特征。

157 页图：在男装设计中，明线的运用能够增加服装的坚固度和力量感，是男装常见的设计手法。在表现线迹的时候注意由线迹引发的细小褶纹的节奏变化，另外在画面整体处理上不用面面俱到，注意疏密对比。

158 页图：有些服装款式相对简单，但是高反光度的面料和丰富的褶纹也让服装给人丰富的视觉感受。这两款服装色彩上有蓝色到白色的渐变，在表现渐变色时采用了由浅色逐步向深色过渡的手法。画中的褶纹体现出服装的材质特征，不要为了表现褶纹而画褶纹，在时装画里褶纹是为表现服装服务的。

159 页图：PVC 材质的服装在表现时要注意褶纹特征的连续性，区别于其他天然的服装面料。这幅画的背景处理比较丰富，给人一种运动之感，对面料起到呼应和造势的作用。

图书在版编目（CIP）数据

服装设计的表达与解析：实用性时装画技法／刘蓬
著. — 沈阳：辽宁科学技术出版社，2023.3
ISBN 978-7-5591-2559-0

Ⅰ.①服… Ⅱ.①刘… Ⅲ.①时装－绘画技法 Ⅳ.
① TS941.28

中国版本图书馆CIP数据核字(2022)第096029号

出版发行：辽宁科学技术出版社
　　　　　（地址：沈阳市和平区十一纬路25号 邮编：110003）
印 刷 者：辽宁新华印务有限公司
经 销 者：各地新华书店
幅面尺寸：170mm×240mm
印　　张：10
字　　数：200 千字
出版时间：2023年3月第1版
印刷时间：2023年3月第1次印刷
责任编辑：王丽颖
封面设计：刘　娇
版式设计：何　萍
责任校对：韩欣桐

书　　号：ISBN 978-7-5591-2559-0
定　　价：79.80元

联系电话：024-23284360
邮购热线：024-23284502
E-mail: wly45@126.com
http://www.lnkj.com.cn